玉米生产机械化技术

金诚谦　主编

中国农业出版社

图书在版编目（CIP）数据

玉米生产机械化技术/金诚谦主编．—北京：中国农业出版社，2011.1
ISBN 978-7-109-15357-8

Ⅰ.①玉…　Ⅱ.①金…　Ⅲ.①玉米—生产—农业机械化—中国　Ⅳ.①S233.73

中国版本图书馆CIP数据核字（2010）第264475号

中国农业出版社出版
（北京市朝阳区农展馆北路2号）
（邮政编码 100125）
责任编辑　杨天桥

中国农业出版社印刷厂印刷　　新华书店北京发行所发行
2011年3月第1版　　2011年3月北京第1次印刷

开本：850mm×1168mm 1/32　　印张：8.5
字数：211千字　　印数：1～5 000册
定价：20.00元

主　编

金诚谦（农业部南京农业机械化研究所）

编写人员（按姓名笔画排序）

邓　霞（河南省洛阳市农业机械化技术推广站）

白俊峰（陕西省农业机械技术推广站）

石增武（山东省农机技术推广站）

孙士明（黑龙江省农业机械工程科学研究院）

吴崇友（农业部南京农业机械化研究所）

陈延鑫（山东省农机技术推广站）

张道林（山东省农机技术推广站）

张东兴（中国农业大学）

张宗毅（农业部南京农业机械化研究所）

金诚谦（农业部南京农业机械化研究所）

赵思孝（陕西省农业机械化技术推广总站）

索国升（河南省洛阳市农业机械化技术推广站）

夏晓东（农业部南京农业机械化研究所）

耿端阳（山东省农机技术推广站）

黄志民（陕西省农业机械鉴定站）

董佑福（山东省农机技术推广站）

前　言

玉米是我国三大粮食作物之一，在全国31个省、直辖市、自治区都有生产。在我国，玉米粮、经、饲兼用，对整个国民经济发展有着巨大的影响。大力发展玉米生产机械化，不仅可以减轻农民的劳动强度，有效争抢农时，而且可以确保农艺措施到位，提高玉米产量，实现玉米生产节本增效。推进玉米生产机械化的发展，对保障我国粮食安全，促进畜牧业和粮食加工业发展，实现农业增效和农民增收具有重要战略意义。加快推进玉米生产机械化，是提高玉米综合生产能力、保障粮食安全的迫切需要，是稳定玉米生产、增加农民收入的现实选择，是发展现代农业、建设社会主义新农村的必然要求。

随着我国农业机械化步入中级发展阶段，玉米生产机械化进入了加快发展的新时期。2009年我国玉米耕、种、收综合机械化水平为20.24%，其中机耕水平为83.55%，机播水平为72.48%，玉米联合收获机为8.17万台。六大玉米生态区中，北方春玉米产区的耕、种、收综合机械化水平达73.97%，黄淮海夏播玉米区达54.96%，两大玉米主产区已形成我国玉米生产机械化的发展主流。但是，玉米机收环节仍比较薄弱、农艺农机不协调、技术创新滞后等制约着玉米生产机械化进一步发展。为此，应重点突破玉米收获机械化，稳步发展玉米播种机械化，加快推进玉米生产全程机械化，进一步提高玉米生产机械化水平。

为了总结玉米生产机械化技术，在工作实践的基础上，编著了《玉米生产机械化技术》一书，本书系统地介绍了我国玉米生产基本情况，阐述了不同玉米生态类型区内玉米生产的特点；详细介绍了玉米耕整地机械化技术、玉米种植机械化技术、玉米田间管理机械化技术、玉米收获机械化技术。论述了我国北方春玉米产区、黄淮海夏播玉米区、西南山地丘陵玉米区、西北灌溉玉米区玉米生产基本情况、种植制度与玉米生产机械化工艺路线，详细介绍了各区内玉米生产典型机械化技术与机具。该书内容丰富，融科学性、先进性和实用性于一体，可供玉米生产的管理人员、技术人员阅读，也可供大专院校师生参考。

由于时间仓促和编者水平所限，书中难免存在不足和疏漏之处，敬请读者批评指正。

编　者

2010 年 10 月

目录

第一章

概　论

玉米是我国三大粮食作物之一，其种植面积一直呈上升趋势，2009 年我国玉米种植面积达到3 118.26万公顷，超过了稻谷的种植面积，在粮食生产中占有极其重要的地位。我国是仅次于美国的世界第二玉米生产国和消费国，玉米粮、经、饲兼用，其用途已渗透到工农业的各个方面。玉米生产对整个国民经济发展有着巨大的影响。

第一节　我国玉米生产基本情况及生态类型区划

一、玉米生产基本情况

玉米是我国种植最广泛的农作物，全国 31 个省、直辖市、自治区都有玉米种植。种植区域南自北纬 18°的海南岛，北至北纬 53°的黑龙江省黑河以北，东起台湾和沿海省份，西到新疆及青藏高原。但是，玉米在我国各地区的种植分布却并不均衡，主要集中在东北、华北和西南地区，大致形成一个从东北到西南的斜长形玉米栽培带。

2009 年的数据显示，有 7 个省、直辖市、自治区的玉米播种面积占全国玉米播种面积的5%以上，从大到小依次为黑龙江（12.86%）、吉林（9.48%）、河北（9.46%）、山东（9.36%）、河南（9.29%）、内蒙古（7.86%）、辽宁（6.30%）；有21个省、直辖市、自治区的玉米播种面积占该地区玉米播种面积的比重超过5%，其中吉林省和辽宁省达到一半以上，分别为58.24%和50.12%（表1-1）。

表1-1 2009年全国各地区玉米播种面积

区域		农作物播种面积（万公顷）	玉米播种面积（万公顷）	占该地区农作物播种面积比重（%）	占全国玉米播种面积比重（%）
	全国	15 863.94	3 118.26	19.66	—
北方春玉米产区	内蒙古	692.78	245.12	35.38	7.86
	辽宁	391.91	196.41	50.12	6.30
	吉林	507.75	295.72	58.24	9.48
	黑龙江	1 212.92	401.02	33.06	12.86
	山西	371.79	145.12	39.03	4.65
	陕西	415.41	116.40	28.02	3.73
	合计	**3 592.56**	**1 399.79**	**38.96**	**44.89**
黄淮海夏播玉米区	北京	32.01	15.08	47.11	0.48
	天津	45.52	16.59	36.45	0.53
	河北	868.25	295.05	33.98	9.46
	山东	1 077.84	291.73	27.07	9.36
	河南	1 418.14	289.54	20.42	9.29
	合计	**3 441.76**	**907.99**	**26.38**	**29.12**
西南山地丘陵玉米区	重庆	330.83	45.91	13.88	1.47
	四川	947.66	133.44	14.08	4.28
	贵州	478.07	75.15	15.72	2.41
	云南	634.39	135.42	21.35	4.34
	合计	**2 390.95**	**389.92**	**16.31**	**12.50**

（续）

区 域		农作物播种面积（万公顷）	玉米播种面积（万公顷）	占该地区农作物播种面积比重（%）	占全国玉米播种面积比重（%）
南方丘陵玉米区	江苏	755.82	39.98	5.29	1.28
	安徽	903.62	73.07	8.09	2.34
	上海	39.61	0.42	1.06	0.01
	浙江	250.48	2.70	1.08	0.09
	福建	225.80	3.79	1.68	0.12
	江西	537.64	1.61	0.30	0.05
	湖北	752.75	50.73	6.74	1.63
	湖南	801.93	28.20	3.52	0.90
	广东	447.60	16.67	3.72	0.53
	广西	582.65	53.46	9.18	1.71
	海南	82.94	1.87	2.25	0.06
	合计	**5 380.84**	**272.50**	**5.06**	**8.74**
西北灌溉玉米区	新疆	466.38	59.84	12.83	1.92
	甘肃	393.86	65.78	16.70	2.11
	宁夏	122.67	21.51	17.53	0.69
	合计	**982.91**	**147.13**	**14.97**	**4.72**
青藏高原玉米区	青海	51.41	0.53	1.03	0.02
	西藏	23.51	0.40	1.70	0.01
	合计	**74.92**	**0.93**	**1.24**	**0.03**

注：数据由农业部市场信息司提供。

二、不同玉米生态类型区内玉米生产的特点

玉米种植区域的形成和发展与当地自然资源的特点、社会经济因素和生产技术的变迁有密切关系。我国玉米带纵跨寒温带、

暖温带、亚热带和热带生态区，分布在低地平原、丘陵和高原山区等不同自然条件下。划分玉米种植区主要考虑以下原则：①历史的延续性；②根据不同地区光、温、水和无霜期等自然资源特点，以及玉米生长发育对资源条件的要求划分种植区；③在分区命名时要体现种植制度的基本特征；④考虑到玉米在各生态区内农业生产中所占的地位和发展前景。根据上述原则，将中国的主要玉米种植区划分为六个明显且各具特色的生态区：北方春玉米产区、黄淮海夏播玉米区、西南山地丘陵玉米区、南方丘陵玉米区、西北灌溉玉米区、青藏高原玉米区。

（一）北方春玉米产区

1. 分区范围和自然条件特征 该区主要包括内蒙古、辽宁、吉林、黑龙江以及山西、陕西的大部分和甘肃、河北的小部分，是中国的玉米主产区之一。2009 年玉米播种面积为1 399.79万公顷，占全国玉米播种面积的 44.89%。

北方春玉米产区属寒温带湿润、半湿润气候带，冬季低温干燥，无霜期 130～170 天。全年降水量 400～800 毫米，其中60%集中在 7～9 月份。东北平原地势平坦，土壤肥沃，大部分地区温度适宜，日照充足，适于种植玉米，是中国玉米的主产区和重要的商品粮基地。玉米主要种植在旱地，有灌溉条件的玉米面积不足五分之一。该地区玉米产量很高，平均达到每公顷 6 吨左右，最高产量达到每公顷 15 吨。

2. 种植制度 北方春玉米产区基本上为一年一熟制。种植方式有 3 种类型：

（1）玉米清种。约占玉米面积的 50%以上，分布在东北三省平原和内蒙古、陕西、甘肃、山西、河北的北部高寒地区。由于无霜期短，气温较低，玉米为单季种植，但玉米在轮作中发挥重要作用，通常与春小麦、高粱、谷子、大豆等作物轮作。这种情况在 20 世纪 70 年代以后发生了很大变化，由于玉米播种面积迅速增加，轮作倒茬已经很困难，因此发展成为玉米连作制。

（2）玉米大豆间作。约占本区面积40%左右，是东北地区玉米种植的主要形式。玉米大豆间作，充分利用两种作物形态及生理上的差异，合理搭配，提高了对光能、水分、土壤和空气资源的利用率。玉米大豆间作一般可以增产粮豆20%左右。

（3）春小麦套种玉米。20世纪70年代以后，在陕西北部、山西北部和辽宁、甘肃、内蒙古部分水肥条件较好的地区逐渐形成春小麦套种玉米的种植方式，主要采用宽畦播种小麦，畦埂套种或育苗移栽春玉米的方式，一般可增产20%～30%。

3. 主要玉米品种 北方春播玉米区实际上包括东北和华北两个地区。东北地区需要成熟期适中或较早熟、耐低温且丰产性好的品种。东北地区基本上没有病毒病和小斑病流行，但有大斑病和丝黑穗病，有时还发生玉米螟危害，因此要求抗这些病虫害的优良品种。东北地区种植的主要玉米杂交种有本玉9号、吉单159、四单19、中单2号、掖单19、丹玉13、掖单13和沈单7号等。

华北地区春播玉米遭受严重的病毒病（SCMV和MRDV）危害，还有茎腐病、大斑病、小斑病等，因此对品种要求更严格。栽培的品种主要有掖单13、掖单12、掖单19、西玉3号、掖单2号、中单2号和烟单14等。

4. 生产条件分析 北方春玉米产区发展玉米生产的有利条件是地势平坦，土层深厚，土质肥沃，光热资源较丰富。该区农业生产水平较高，玉米增产潜力很大，具有商品生产的优势。

（二）黄淮海夏播玉米区

1. 分区范围和自然条件特征 该区包括黄河、淮河、海河流域中下游的北京、天津、山东、河南全部、河北大部、山西中南部、陕西关中和江苏省徐淮地区，是全国最大的玉米集中产区，2009年玉米播种面积为907.99万公顷，占全国玉米播种面积的29.12%。

该区属暖温带半湿润气候类型，无霜期170～220天，降雨量丰富。处于黄淮海三条河流水系下游，地上水和地下水资源都比较丰富，灌溉面积占50%左右。气温高，蒸发量大，降雨过分集中，夏季降雨量占全年的70%以上，经常发生春旱夏涝，而且常有风、雹、盐碱、病虫等自然灾害发生，对生产不利。

2. 种植制度 该区属于一年两熟生态区，玉米种植方式多种多样，间套复种并存，其中小麦、玉米两茬套种占60%以上。

（1）小麦玉米两茬复种。曾是20世纪50年代黄淮海平原地区的主要种植方式，但两茬复种只能种植早熟玉米品种，不能充分利用光热资源，产量较低，而且麦收后复播玉米常受雨涝威胁，因此70年代在北部地区逐渐被套种玉米所取代，到80年代随着水肥条件的改善和适应机械化作业的要求，两茬复种又有所发展。

黄淮海平原地区的热量资源分布有限，小麦收获后复播玉米，至适时播种下一季冬小麦为止，从北向南只有90～110天的生长期。如果扣除农耗，积温就更少了。为了确保小麦和玉米高产稳产，复播玉米只在机械化水平较高，水肥条件较好的地区种植，才能获得较高的产量。推广工厂化育苗和机械化移栽技术有可能进一步提高复播玉米的产量潜力和质量等级。

（2）小麦玉米两茬套种。可以充分利用光热资源和土地空间，能够复种中晚熟玉米品种，使产量水平明显提高，而且不影响下一季冬小麦正常播种，因而在黄淮海平原地区占很大比例，主要有四种套种形式。

第一种，平播套种。在黄淮海平原南部地区分布较多，包括山东南部、河北石家庄以南和河南北部及陕西关中地区都采用这种方式。其特点是小麦密播，不专门预留套种行，或只留30厘米的窄行。通常麦收前7～10天套种玉米。由于选用中晚熟玉米品种，因此产量明显提高，而且田间玉米植株分布均匀，群体结构合理，光热资源和土地利用较合理，缓和了麦收和夏种劳动力紧张的矛盾，有利于小麦和玉米双获高产。缺点是收麦和套种玉米完全要手工操作，不利于机械化作业，保全苗也很困难。

第二种，窄带套种。麦田做成 1.5 米宽的畦，内种 6～8 行小麦，占地约 1 米，预留 0.5 米的畦埂，麦收前一个月套种 2 行晚熟玉米，麦收以后玉米成为宽窄行分布。与两茬复种相比，小麦占地减少，但玉米可换成晚熟品种，因而总体产量较高。这种套种方式在河北省北部和京津郊区无霜期较短而水肥条件较好的地区能够争取季节，充分利用光热资源，获得较高产量。

第三种，中带套种。也叫小畦大背套种法。2 米宽的畦内机播 8～9 行小麦，预留约 70 厘米套种 2 行玉米。一般麦收前30～40 天套种晚熟玉米。这种方式能够使用小型农业机械作业，包括麦收、中耕、施肥等。麦收后的宽行间可套种豆类或绿肥等。

第四种，宽带套种。畦宽约 3 米，机播 14～16 行小麦，麦收前 25～35 天在预留田埂上套种 2 行中熟玉米品种。麦收后在宽行间套种玉米、豆类、薯类或绿肥等作物。

（3）玉米豆类间作。以玉米和大豆间作为主，也有与小豆、绿豆间作混种者。原则上是玉米不减产，适当增收豆类。通常采用6∶2或4∶2间作，实现粮豆双收，增加农民的经济收入和调剂生活。

3. 主要玉米品种 黄淮海地区主要是夏播玉米产区，玉米生长季节受前后两茬冬小麦约束，因此需要中早熟品种。这一地区种植制度复杂，玉米病毒病特别严重，还发生很严重的大斑病、小斑病、茎腐病和弯孢菌属叶斑病，因此对品种的抗病性要求特别严格。种植的骨干杂交种有掖单 2 号、掖单 13、丹玉 13、烟单 14、掖单 19、掖单 12 号、中单 2 号、郑单 14 和农大 60 等。

4. 生产条件分析 黄淮海夏播玉米区是全国重要的粮食和经济作物产区，这两类作物争地矛盾较明显。小麦和玉米是主要的粮食作物，也存在争地问题。因而间作套种成为本区玉米生产的明显特征。该区光、热、水资源丰富，地势平坦，土层深厚，灌溉玉米面积占50%以上。黄淮海平原各地之间玉米产量差异悬殊，平均产量每公顷5.3吨，大面积高产田达到7.5～9吨，小面积高产记录15吨。对多数地区来说，增产潜力很大。

（三）西南山地丘陵玉米区

1. 分区范围和自然条件特征 西南山地丘陵玉米区也是我国的玉米主要产区之一，包括四川、云南、贵州、重庆的全部，陕西南部，广西、湖南、湖北西部丘陵山区和甘肃的一小部分。2009年玉米播种面积为389.92万公顷，占全国玉米播种面积的16.31%。

该区近90%的土地分布在丘陵山区和高原，而河谷平原和山间平地仅占5%。多数土地分布在海拔200～5 000米范围内，种植业垂直分布特征十分明显。该区属温带和亚热带湿润、半湿润气候带，雨量丰沛，水热资源丰富，但光照条件较差。无霜期较长，一般在240～330天，玉米有效生长期150～180天，全年降水量800～1 200毫米，多集中在4～10月，适合玉米栽培。但全年阴雨寡照天气在200天以上，经常发生春旱和伏旱。病虫害的发生比较复杂，而且严重。云贵高原地势垂直差异很大，土壤贫瘠，耕作粗放，玉米产量很低。

2. 种植制度 西南地区地形复杂，农作物种类较多，以水稻、玉米、小麦和薯类为主。间作套种是该区玉米种植的重要特点，种植方式复杂多样。种植制度从一年一熟到一年多熟兼而有之。基本方式有3种：

（1）小麦玉米甘薯旱三熟制。在四川、云南和贵州省海拔600米以下的丘陵山区，经常发生夏旱和伏旱。以往实行小麦复播夏玉米一年两熟，7月下旬常发生高温干旱，使夏玉米严重减产。推广旱三熟制以后，在冬小麦播种时预留空行，麦收前35～40天套种春玉米，麦收后又在玉米行之间起垄栽插甘薯，避开了夏旱和伏旱，充分利用降雨，并提高了光能利用率。旱三熟间套种全年每亩*可收获700～800千克，比两茬复种增产150～200千克。

（2）小麦或马铃薯套种玉米。在海拔800米以上、生长期较短的丘陵高寒地区，每年种植一季有余，种植两季又显不足。自1970年代以来发展小麦或马铃薯与玉米两茬套种，解决了两熟稳产和均衡利用光、热资源问题，在云南省中、北部推广种植约200千公顷，一般比单种玉米增产30%左右。

（3）小麦-玉米-水稻间套种（并与双季稻轮作）。西南双季稻产区早春气温不稳定，早稻播种后易烂秧。秋季气温下降快，阴雨寡照天气多，日照时数只有1200～1600小时，影响晚稻抽穗开花，降低产量。实行小麦-玉米-水稻间套种，把玉米提前套种在小麦行间，实现早种早收，可比早稻稳产。同时，一季晚稻还比双季稻提早栽插10多天，避开了后期低温天气。这种方式还兼有水旱轮作的优点。从商品粮需求方面来说，减少了低质量的早稻生产，扩大了南方急需的小麦和玉米生产，缓解了早稻供过于求和旱粮供应不足的矛盾。

3. 主要玉米品种 西南地区地理气候条件和种植制度复杂多变，病虫害流行也比较复杂，主要有大斑病、小斑病、茎腐病、病毒病、锈病、纹枯病和霜霉病等，同时还有秋黏虫和玉米螟危害。种植的骨干品种有成单14、中单2号、川单9号、雅玉2号、掖单13、沈单7号、成单13、绵单1号等。此外，该区还种植一些改良的开放授粉品种和顶交种等。

4. 生产条件分析和措施 玉米在西南山区有较悠久的历史，一直是当地重要的粮食和饲料作物。本区地形复杂，气候多变，土壤贫瘠，经济不发达，虽然实行间套复种制，但投入较少，耕作粗放，农民生活较贫困，限制了玉米生产水平进一步提高。但这种特殊的地理气候和人文生产条件决定了西南山区是我国玉米

---

* 亩为非法定使用计量单位，15亩=1公顷。

种植多样性最丰富的地区。

(四) 南方丘陵玉米区

1. 分区范围和自然条件特征 南方丘陵玉米区的分布范围很广，包括广东、海南、福建、浙江、江西等省全部，江苏、安徽南部，广西、湖南、湖北东部，是中国水稻的主产区，玉米种植面积很少，2009 年玉米播种面积为 272.50 万公顷，占全国玉米播种面积的 5.06%。

该区属亚热带和热带湿润气候，气温较高，雨量充沛，适宜农作物生长的时间长达 220～360 天，适合玉米生长发育的有效积温时间在 250 天以上。年降水量1 000～1 800毫米，分布均匀，全年日照1 600～2 500小时，一年四季都可以种植玉米。但本地区的气候条件更适合种植水稻，所以玉米面积较少，而且不够稳定。但该地区发展秋冬玉米生产的条件较好，潜力很大。

2. 种植制度 该区历来实行多熟制，从一年两熟到三熟或四熟制，常年都可种植玉米，但主要作为秋冬季栽培。代表性的种植方式有：小麦-玉米-棉花（江苏）、小麦（或油菜）-水稻-秋玉米（浙江、湖北）、春玉米-晚稻（江西）、早稻-中稻-玉米（湖南）、春玉米（套种绿肥）-晚稻（广西）、双季稻-冬玉米（海南）。

该区秋玉米主要分布在浙江、江西和湖南、广西部分地区，常作为三熟制的第三季作物，兼有水旱轮作的效果。冬玉米主要分布在海南、广东、广西和福建南部地区。玉米在多熟制中成为固定作物，也是水旱轮作的重要成分。另外，该区具有育苗移栽玉米的丰富经验，例如浙江、江西、湖南等省秋玉米区，一般采用营养钵育苗，收获中稻后及时移栽玉米，能显著提高玉米产量。

3. 主要玉米品种 南方丘陵地区玉米面积比较小，能够种植一些亚热带玉米品种，但冬季种植的品种要求耐低温和较早熟，还要求抗多种病虫害，如茎腐病、锈病和纹枯病等。该区种植的品种主要有桂顶1号、掖单13、雅玉2号、掖单12、郧单1号等。

4. 生产条件分析 南方丘陵玉米区人多地少，水热资源丰富，生产技术水平较高，是我国重要的商品粮和多种经济作物生产基地。但土壤质地差，红黄壤肥力较低，土壤侵蚀严重。在土地利用上重水田轻旱地。在丘陵旱地上，农田水利设施较差，玉米栽培管理粗放，产量较低。当地农民和技术人员缺乏玉米种植经验和适应品种，也限制了玉米产量水平的提高。

（五）西北灌溉玉米区

1. 分区范围和自然条件特征 西北灌溉玉米区包括新疆全部，甘肃河西走廊和宁夏河套灌区。属大陆性干燥气候带，降水稀少，种植业完全依靠融化雪水或河流灌溉系统。随着农田灌溉面积的增加，2009 年玉米播种面积为 147.13 万公顷，占全国玉米播种面积的 14.97%。

该区无霜期一般为 130～180 天，日照充足，每年2 600～3 200小时，0℃以上积温3 000～4 100℃，10℃以上有效积温2 500～2 600℃。总的来说，西北地区热量资源丰富，昼夜温差大，对玉米生长发育和获得优质高产非常有利。但气候干燥，全年降水量不足 200 毫米，因此该区种植业的特点是灌溉农业系统较发达。有些地方依靠融化雪水灌溉农田，水源可靠，因此农作物产量水平较高。

2. 种植制度 主要是一年一熟春播玉米，也有少量小麦-玉米套种。不论哪一种种植方式，玉米的产量和质量都很高。

3. 主要玉米品种 西北地区气候比较干燥、昼夜温差大，病虫害较少，产量潜力很高，但经常发生干旱而造成减产。因此，要求丰产潜力特别高、耐干旱和抗丝黑穗病的品种，主要有中单 2 号、SC704、掖单 13、掖单 12、和单 1 号和京早 8 号等。

4. 生产条件分析 西北灌溉玉米区气候干燥，降水稀少，但光热资源丰富，昼夜温差大，植物病虫害较轻微，又有可靠的灌溉系统，因此农作物增产潜力很大。

（六）青藏高原玉米区

青藏高原玉米区包括青海和西藏，是我国重要的牧区和林区，玉米是该区新兴的农作物之一，栽培历史很短，种植面积不大。2009 年玉米播种面积为 0.93 万公顷，仅占全国玉米播种面积的 1.24%。

第二节 我国玉米生产机械化现状

一、玉米生产机械化技术发展概况

（一）玉米播种

新中国成立后，我国玉米播种长时间都是采用人工播种方式，20 世纪 50 年代从前苏联引进的小麦播种机经过调整可以实现玉米播种的功能，在东北地区和农场被采用，60 年代新疆生产建设兵团从国外引进玉米精密播种机，70 年代玉米精播在东北地区开始推广应用，并不断在华北地区进行技术示范。受积温的影响，20 世纪 90 年代以前，在华北一年两作地区主要发展半机械化玉米套种，随着农业机械化整体发展水平的提升，农作物生产周期被缩短，同时短生长期玉米品种的应用，使玉米直播成为可能，虽然 20 世纪 70 年代末我国已研发出机械式玉米精量播种机，但真正进行玉米机械直播示范推广是从 20 世纪 90 年代开始的。21 世纪初，保护性耕作技术的应用，推进了玉米免耕播种技术的快速发展。

（二）田间管理

田间管理是玉米生产的辅助措施，新中国成立初期，手段相对比较落后。灌溉一般由人挑肩抬来进行，条件较好的地方用畜力水车，后期发展到水泵、抽水机灌溉，20 世纪 80 年代前后出现了喷灌技术。化学植保发展比较晚，前期用手动喷雾器和喷粉机，后来出现了机动和电动喷雾器。早期施肥一般是耧追施氨水，随着化肥的应用，逐步使用化肥追施耧，由于玉米生长期间追肥比较困难，机动追肥机使用比较少。

（三）玉米收获

我国从20世纪50年代开始发展玉米收获机械化，1960—1966年和1971—1978年我国掀起两次发展玉米收获机械化的高潮，1960年中国农业机械化科学研究院与有关生产企业联合引进和研制玉米收获机，受客观因素的影响，发展缓慢，20世纪90年代末，我国小麦收获机械化基本解决后，受市场拉动和农业机械化整体推进，国内部分生产企业开始研制生产玉米收获机，全国玉米收获机发展步入正常轨道，发展迅速。目前我国玉米收获机生产企业主要聚集在山东省，机型以2行、3行悬挂式和3行、4行自走式为主，互换割台型玉米收获机，由于可以实现一机多用，受到农民的青睐。目前，全国玉米收获机生产企业达60家以上，生产规模在500台以上的有10家以上。

（四）发展趋势

今后玉米播种将朝着精量、免耕播种联合作业方向发展，机具趋于大型化。田间管理机械将朝着通用机架方向发展，可实现中耕、植保和追肥等；田间灌溉将朝着喷灌化和大型化发展。玉米收获机械会继续坚持大、中、小机型相结合，朝着大功率、自走式、一机多用、等行距发展，在一年一作和一年两作地区将有各自适合的机型，玉米收获机将会逐步形成适于区域化种植方式的若干玉米收获机型。

二、玉米生产机械化水平现状

近年来，我国玉米生产机械化呈现出良好发展态势。2009年，我国玉米耕、种、收综合机械化水平为20.24%，其中机耕水平为83.55%，机播水平为72.48，比2008年增长了7.88个百分点，机收水平为16.91%，比2008年增长了6.31个百分点。玉米联合收获机为8.17万台，比2008年增加了4.02万台。六大玉米生态区中，北方春玉米产区的耕、种、收综合机械化水平最高，达到 73.97%；西北灌溉玉米区次之，为 55.67%；黄淮海夏播玉米区第三，为 54.96%；其余分别为南方丘陵玉米区(24.55%)，青藏高原玉米区（19.18%），西南山地丘陵区(4.90%)。

玉米机械化耕作，有 14 个省的机耕水平超过了 80%，其中内蒙古、辽宁、黑龙江、天津、新疆达到了 100%。有三大玉米生态区机耕水平超过了 80%，分别为北方春玉米产区(100.00%)、黄淮海夏播玉米区（94.61%)、西北灌溉玉米区(80.02%)，西南山地丘陵玉米区最低，仅为 12.18%。

玉米机械化播种，北方春玉米产区的机播水平最高，达到 98.70%，其次为西北灌溉玉米区，为 60.40%，其余均低于 30%。在几个种植大省中，作为全国玉米生产机械化程度最高的新疆，机械播种水平到达 99.93%。处于典型平原两茬轮作区的河北省，机播水平为 86.31%。

全国玉米机械收获水平普遍较低，最高的黄淮海夏播玉米区也仅为 30.95%，其余均在 20%以下。山东省在 2009 年的机收水平达到 53.00%，远远超过全国平均水平。玉米机械收获水平居全国第二的天津市 2009 年机收水平为 36.29%（表 1-2)。

表 1-2　2009 年全国各地区玉米生产机械化情况

区域		综合机械化水平（%）	机耕水平（%）	机播水平（%）	机收水平（%）
	全国	60.24	83.55	72.48	16.91
北方春玉米产区	内蒙古	72.76	100.00	99.42	9.79
	辽宁	70.75	100.00	94.32	8.20
	吉林	68.61	95.58	92.97	8.28
	黑龙江	77.95	100.00	100.00	26.50
	山西	61.31	84.76	80.27	11.09
	陕西	57.59	89.62	58.48	14.02
	合计	**73.97**	**100.00**	**98.70**	**14.52**

（续）

区域		综合机械化水平（%）	机耕水平（%）	机播水平（%）	机收水平（%）
黄淮海夏播玉米区	北京	68.18	78.36	96.63	26.15
	天津	72.89	100.00	73.34	36.29
	河北	70.49	98.92	86.31	16.77
	山东	58.91	93.07	19.25	53.00
	河南	65.57	85.52	81.40	23.13
	合计	**54.96**	**94.61**	**26.11**	**30.95**
西南山地丘陵玉米区	重庆	23.59	58.98	0.00	0.00
	四川	8.11	11.61	11.56	0.00
	贵州	0.43	0.96	0.11	0.04
	云南	11.07	15.79	15.79	0.05
	合计	**4.90**	**12.18**	**0.08**	**0.03**
南方丘陵玉米区	江苏	59.54	84.32	75.04	11.01
	安徽	44.88	60.49	55.63	13.31
	上海	0.00	0.00	0.00	0.00
	浙江	18.15	45.07	0.41	0.00
	福建	0.00	0.00	0.00	0.00
	江西	0.00	0.00	0.00	0.00
	湖北	21.83	30.09	30.09	2.54
	湖南	5.58	13.24	0.01	0.96
	广东	30.52	43.61	43.61	0.00
	广西	11.45	28.63	0.00	0.00
	海南	10.71	15.29	15.29	0.00
	合计	**24.55**	**43.18**	**18.51**	**5.76**
西北灌溉玉米区	新疆	82.27	100.00	99.93	34.81
	甘肃	30.19	54.25	24.94	3.37
	宁夏	68.80	90.65	89.20	19.26
	合计	**55.67**	**80.02**	**60.40**	**18.48**

（续）

区　域		综合机械化水平（%）	机耕水平（%）	机播水平（%）	机收水平（%）
青藏高原玉米区	青海	46.16	86.96	37.74	0.19
	西藏	0.00	0.00	0.00	0.00
	合计	**19.18**	**31.75**	**21.51**	**0.11**

注：1. 耕、种、收综合机械化水平计算方法按照机耕、机播、机收水平分别为0.4、0.3、0.3的权重计算。

2. 数据由农业部市场信息司提供。

三、玉米生产机械化存在的问题

在推进粮食作物生产全程机械化的进程中，目前虽然玉米耕、种、收综合机械化水平相对较高，但生产中还是存在诸如种植模式多样化、播种机作业堵塞、机收水平偏低等许多有待解决的问题。

（一）机械化收获水平偏低，制约整体发展

2009 年全国玉米机收水平为 16.91%，远远低于机耕水平和机播水平，玉米机收仍然是玉米生产机械化中最薄弱的瓶颈环节，是难度最大、最需要攻克的关键所在。其原因主要表现为以下几个方面：

1. 基础理论研究滞后，阻碍了技术进步　我国玉米收获机开发，对工作部件的基础研究较少，大多数只是进行整机研制，众多机型在收获工艺和结构参数上大同小异，重复制造，并且机型不完善。

20 世纪 60 年代为提高整机性能，中国农业机械化科学研究院、黑龙江省农机研究所、吉林省农机研究所、吉林工业大学和辽宁省农机化研究所曾对工作部件进行过基础研究，取得过一些成果。我国玉米收获机产品作业效果长期不稳定，主要原因之一是技术理论不明，产品不能定型。应该说，基础理论研究的不

足，已经阻滞了玉米收获机关键技术的突破，影响了玉米收获机技术的进步，制约了玉米收获机的发展，致使技术开发后劲不足。

2. 产品质量较差 目前我国玉米收获机普遍存在产品质量差的问题，具体表现为产品稳定性差、可靠性差、事故频繁、作业质量低。

（1）产品可靠性差。发达国家的玉米收获机械已经形成了集约化的研究和生产方式，生产制造自动化程度高，加工能力强。各生产设备以专机为主，零部件多数由生产流水线加工，有专门的摘穗辊、切割刀、剥皮机构等加工生产流水线。工装配备完善，产品质量的稳定性和零部件的互换性高，原材料检验、过程检验、产品最终检验手段完备。我国大部分玉米收获机产品目前还处于试验、示范阶段，成熟的机型不多。普遍存在性能不稳定、可靠性差、故障频繁的问题。玉米收获的研究和生产发展很缓慢，研究成果的产品转化一直处于低位徘徊阶段，各生产企业分散经营，规模小、实力差，生产自动化程度低，加工能力弱，工装配备率低，检验手段不完备，产品质量的稳定性和零部件的互换性比较差。此外，玉米收获机还存在自身设计和制造方面的缺陷。主要技术指标如损失率和清洁率都不如人意；大部分机型清洁度不高，果穗箱中果穗与残叶混杂，分离效果不理想；单位时间内故障时间增加和总体可靠度指标下降。这也证明机具的可靠性仍是玉米联合收获机发展中的难点，也是玉米联合收获机研制开发攻克的重点。

（2）产品安全问题突出。发达国家的玉米收获机械经过几十年的不断改进和完善，安全性普遍较好，安全防护装置和安全警示标志都比较齐全，防护到位，而且安全防护设计与整机设计融为一体，材质好，强度高，性能优良。我国玉米收获机过于注重使用性能，普遍忽视安全性能，安全防护装置和安全警示标志不齐全。

（3）标准化滞后。我国玉米收获机械行业产品标准有GB/T 21962—2008《玉米收获机械　技术条件》、GB/T 21961—2008《玉米收获机械　试验方法》、NY/T 645—2002《玉米收获机质量评价技术规范》、NY/T 1355—2007《玉米收获机作业质量》。产品标准经过多年的运行使用，目前已经不能很好地起到指导和规范企业生产的作用。随着我国作物秸秆禁烧工作的开展，玉米收获向多方向发展，既有摘穗与秸秆还田作业，又有摘穗与秸秆切碎回收作业，甚至有摘穗与秸秆切碎回收加灭根茬作业相结合的复式作业方式。现有标准已滞后于生产实际。

（4）使用说明书问题严重。使用说明书主要存在以下问题：一是没有按照国家标准编制说明书，编印格式随意，内容欠缺；二是产品使用的安全注意事项及警戒内容不全；三是操作使用和调整技术的介绍过于简单，不能指导用户正确使用；四是没有必要的图示说明或图示说明不清楚；五是印刷粗糙，错误较多。

3. 使用者缺乏技术培训，影响玉米收获机的正常使用　生产企业和农机推广部门忽视了对机具使用者的培训，造成玉米收获机作业效果差，农民投资收益不佳。

4. 生产企业状况差　我国农机企业普遍规模小，低水平重复生产严重，资金投入少，效益差，企业积累不足，造成技术改造和更新发展缓慢。同时，政府对农机生产企业技改的扶持力度也较小。目前，从事玉米收获机开发、生产的部分企业没有专用设备，缺乏检验手段和质量管理制度及质量保证措施，产品质量自然难以满足农业生产的实际需要。

（二）免耕播种、精量播种等技术不高

现在广大玉米产区机械化播种的程度普遍较高，但随着保护性耕作技术的推广应用，对玉米播种机械提出了更高的要求。在一年两熟区域，小麦收获后在麦秸覆盖留茬的未耕地上直接播种玉米。由于当前小麦产量很高，秸秆量很大，且粉碎不够细、抛撒不均匀，并且各地都明令禁止焚烧秸秆，因此以往使用的部分

小型玉米免耕播种机在贴茬播种中存在以下问题。

1. 开沟器问题　犁刀式开沟器破土能力强，结构简单，但在开沟时容易挂草，在小麦秸秆覆盖条件下，开沟器之间更是极易堵草，严重影响作业效率和作业效果。双圆盘开沟器虽然不易堵塞，但由于国内的播种机普遍偏小、偏轻，导致圆盘开沟器难以切断根茬和秸秆，入土能力和适应能力差，在秸秆覆盖条件下难以实现入土播种作业。为了解决这一问题，有些地区采用了先全面旋耕、再播种的方式，但是增加旋耕作业必然导致生产成本提高。因此，应从播种机械上考虑，设计出适应于保护性耕作的免耕播种机。

2. 排肥、排种器设计问题　排肥管、排种管底部容易被土块卡死而形成断垄，影响了作业效率和作业质量。精量播种能够减少种子的使用量，省掉间苗这一作业工序。因此，日益受到各地重视，但因受机器价格、种子价格、种子发芽率等因素的影响，大面积普及推广仍需时日。

（三）土地规模偏小，限制了大型机械的应用

小型机械在作业过程中需多次进行地头转弯，由于幅宽限制，作业效率也不高，因此大型机械仍是发展趋势。但现有农村土地制度导致户均耕地面积过小，土地在村内的二次分配更导致户有地块更加零碎，这严重制约了机械作业效率的提高和机械化的进一步发展。政府应出台相关鼓励性政策，引导农户走规模化生产的道路，在土地拥有制度不变的前提下，通过转租、入股、承包等形式来解决。

四、加快玉米生产机械发展的对策

（一）把加快推进玉米生产全程机械化纳入“十二五”规划

“十二五”规划是指导“十二五”期间各行各业科学发展的纲领性文件。在规划中，要明确提出未来五年玉米生产机械化发

展的指导思想和主要目标，发展重点和发展格局，提出促进发展、实现目标的主要政策措施。应加强深入研究和认识玉米生产过程机械化的主要环节，实行免耕播种、玉米秸秆直接粉碎还田，从生产环节机械化向玉米生产全过程机械化发展。根据各地条件，因地制宜主攻机收和秸秆粉碎还田等薄弱环节，选择玉米机收和秸秆还田为突破口，集中力量，重点突破，分步推进。讲求效益和效率，解决好玉米生产机械化的瓶颈问题，提高机械化的总体水平和效益。

（二）大力推进农机农艺相结合，协作攻关解决好技术及装备的有效供给问题

技术及装备的有效供给，是指按照积极发展现代农业的要求，解决好玉米生产机械化技术路线的正确选择以及与之相应的农机装备有效供给问题，包括先进适用机具有效供给和现代农艺技术有效供给两个方面。

由于玉米生产条件复杂，耕作制度、种植方式多样，生产机械化难度较大，对生产机械化的迫切需求与技术及装备有效供给不足，已成为制约玉米生产机械化发展的主要矛盾，努力提高供给的有效性就成为必须着力解决好的重大课题。这就需要农机与农艺相结合，工程技术与生物技术相结合，农机工作者与农业工作者合作，产、学、研、推、管结合，共同研究确定主攻方向，选择技术路线和发展模式，协作攻关以及自主创新取得突破来解决好这一发展难题。

根据不同区域特点，研制几种基本型，在此基础上形成系列化、个性化设计和生产，应对多方面的不同需求。国家应重点扶持一批农机生产企业和知名品牌。农机企业宏观上要有系统的发展规划，一定时期内重点发展项目与长期发展目标相结合，将分散的技术力量联合起来，实行集团化管理，专业化分工，结合当地条件、优势技术和发展环境，作好企业产品定位。技术上等级、上水平，生产上规模，高质量、高水平地发展农机生产。目前国内小型农机企业较多，而这些企业一般都规模小、水平低、产品技术含量低，严重影响了销售、使用和企业的发展。只有企业生产上等级、上规模，加强技术创新和提高产品技术含量，树立品牌意识，实施名牌战略，企业才有生存和进一步发展的可能。农机企业实施名牌战略，首先要研究农机产品的市场定位，提高产品质量，增强创新意识，建立完善的售后服务体系和名牌保护意识，同时与农机管理、科研、鉴定、质量监督、推广部门紧密配合，注重名牌的扩展和延伸效应，为实现玉米生产机械化提供技术保障。现代农艺是增产与增效相结合的农艺，农机与农艺结合是用现代生产方式根本改变传统生产方式的结合。因而，大力推进农机农艺相结合，抓好协作攻关，就是抓住了解决玉米生产机械化技术有效供给问题之根本。

解决有效供给问题是一个复杂的系统工程。在抓农业技术进步、现代装备增加、生产方式改变的同时，还要解决好人才供给问题。要抓好人员技术培训，培养能操作使用现代农业机器从事农业生产的新型农民，才能发挥机器的最大作用和效益。

（三）抓好农机服务创新，努力解决好农机服务有效供给问题

农机服务包括作业服务、流通供销服务、维修服务、信息服务、推广服务、售后服务等。立足我国农户经营规模小、经济实力弱，玉米联合收获机一次性投资大，作业时间短等实情，要使多数农户不用买农机也能用上农机，享受到农机作业服务，积极推进农机服务市场化、社会化、产业化。

玉米机收可以借鉴小麦跨区机收的经验，实现玉米收获机跨区收获，提高劳动生产率、玉米收获机的使用效率及机手的经济效益，降低收获成本，促进农机服务市场化、社会化程度的进一步提高。

在农机化发展过程中，从鼓励、支持农机大户发展，充分发挥能人效应，到引导、培育、扶持农机专业合作社发展，充分发挥组织效应，使服务功能不断增强，服务质量不断提升，服务机

制更加灵活，组织化程度明显提高，制度更加规范，服务领域不断拓宽，效益更加明显。总之，使农机服务上一个新的台阶，站在新的起点。

（四）将玉米生产机械化与产业化经营相结合，促进农业机械化全面发展

将发展玉米生产机械化与经营产业化结合起来，采用先进科学技术和机器生产，发展机械化。实行专业化分工与社会化协作相结合，使玉米生产由产中向产前和产后延伸，把玉米生产经营的产前、产中、产后诸环节联结成一个综合产业系统，实现产供销一条龙、贸工农一体化经营，使资源优势转化为产业优势和经营优势。逐步形成以北方玉米生产基地为基础，以玉米产品加工为龙头，带动玉米主产区一二三产业全面发展，振兴经济，有效增加农民收入的新局面。这将是玉米生产经营方式的根本变革，是技术进步和组织创新的具体体现，对玉米产区的“产业革命”和经营发展具有巨大而深远的意义。

第三节 机械化技术在玉米生产中的作用

玉米作为重要的粮食、饲料和工业原料，其需求量不断增加。伴随着我国农业生产机械化总体水平的提高、农村经济的快速发展和农村劳动力的大量转移，我国对玉米生产机械化的需求日趋紧迫，因此机械化技术在玉米生产中起着至关重要的作用。

1. 提高玉米综合生产能力、保障粮食安全 玉米既是增粮作物，又是增收作物。发展玉米生产关系到口粮安全，也关系到饲料粮的安全，发展玉米生产对确保我国粮食安全具有不可替代的战略作用。大力发展玉米生产机械化，不仅可以减轻农民的劳动强度、有效争抢农时、抵御自然灾害的影响，而且可以确保农艺措施到位，扩大种植面积，提高玉米产量，实现玉米生产节本增效。从种植技术上看，实施机械播种可以合理密植，提高玉米单产，为玉米机收奠定基础。从收获环节上讲，玉米收获机械化水平的提高对农业生产机械化整体水平的提高起着至关重要的作用，联合收获可解决秸秆还田问题，减少秸秆占地和环境污染，培肥地力，对农业可持续发展有着重要作用。机械化精量播种每公顷可以省种 22.5 千克，增产 15%～20%。机收每公顷可减少损失 3%～5%。

推进玉米生产机械化，增强玉米生产的节本增效和抗灾减灾能力，既是加强玉米综合生产能力建设、发展粮食生产的重要物质基础和技术手段，又是提高玉米综合生产能力建设的客观要求，更是保障粮食安全的现实需要。

2. 稳定玉米生产、增加农民收入 玉米是我国种植分布最广泛的粮食作物，全国 31 个省、自治区、直辖市都有种植，种植面积超过 100 万公顷的省份有 11 个。在玉米主产区，玉米生产是农民的基本收入来源。

近年来，随着我国经济的快速发展，进城务工农民数量增多，农村劳动力向二三产业转移步伐加快，很多地方农业劳动力季节性短缺问题已经显现，争劳力、抢农时的矛盾比较尖锐。尤其是玉米收获劳动量占整个玉米生产劳动量的 55%以上，季节性劳动力短缺问题更为突出。不少地方依靠人畜力作业已难以满足抢收、抢种的要求。为实现持续增收，农村年轻一代尤其是青壮年劳动力大量离土离乡、务工经商，迫切需要提高玉米生产全程机械化水平，支持玉米生产稳定发展。

此外，畜牧业的发展对种植业和加工业提出更高的要求，带动种植业和加工业的发展。在这种形势下，作为主要饲料粮之一的玉米生产具有广阔的发展前景。因此，随着畜牧业发展，对玉米秸秆加工、青贮和收获的机械化要求也日显迫切。实践表明，玉米精播可提高工效 50 倍，每公顷节省间苗工 4.5 个。玉米机械收获和人工作业相比，生产效率可提高近 30 倍，大幅度提高工效；机械收获每公顷比人工收获平均节约成本 225 元左右。因此，大力推进玉米生产机械化，是解决玉米生产劳动力短缺问题，稳定玉米生产，提高玉米生产的劳动生产率，增加农民收入的现实之需，迫切之举。同时，将玉米生产由产中向产前和产后延伸，可以提高玉米产品的质量和附加值，实现产业化经营，增强产品的市场竞争力，形成玉米生产的良性循环，推进我国从传统农业向现代农业的转变。

3. 增强抗灾能力，保证稳产高产 在玉米生产过程中，旱、涝、病虫害发生频繁，严重影响着玉米正常生长和丰产丰收，排灌机械、植保机械和收获机械的大量应用，增强了农业的抗灾能力，大大减少了灾害造成的损失，保证了玉米的稳产高产。

第二章

玉米生产机械化共性技术

第一节 玉米耕整地机械化技术

一、耕整地机械化技术发展概况与发展趋势

耕整地机械化包括耕地机械化和整地机械化两大部分。

耕地是农业耕作中最基本的作业。其主要目的是通过土垡翻转，将失去结构的表层土壤连同地表杂草、残茬、虫卵、草籽、绿肥或厩肥等一起埋到沟底，起到松碎土壤，改善土壤结构，消灭杂草和病虫害，提高土壤肥力的作用，为作物生长创造良好的土壤条件。在干旱和水土流失严重的地区，对农田实行免耕、少耕，用作物秸秆覆盖地表，减少风蚀、水蚀，提高土壤肥力和抗旱能力，这是自 20 世纪中叶才开始发展的保护性耕作技术。

整地作业包括耙地、平地和镇压。其目的是对耕后土壤作进一步加工，使表层土壤细碎疏松，地表平整，为播种和移栽作业准备良好条件。

目前耕地常用的机具有铧式犁、旋耕机、旋耕联合作业机、耕耙犁、圆盘犁、深松机等。铧式犁是历史最悠久、曾经是数量

最多、应用最为广泛的耕地机械，它具有良好的翻垡覆盖性能，耕后植被不露头，回立垡少，为其他机具所不及。圆盘式平地合墒器与铧式犁配套形成联合作业机具，平整墒沟，破碎土块，在适耕条件下一次行程可完成耕地、耙地、合墒等作业，使耕地达到播种要求。旋耕机碎土率高，可减少耕后整地工作量，但翻埋性能和耕深受一定限制，主要用于水田耕作。在旱耕中，旋耕机用于盐碱地浅层耕作，抑制盐分上升；在新垦地用于灭茬除草、牧区草地再生等作业也有良好效果。旋耕联合作业机以旋耕机为主体，附加灭茬、深松、开沟、起垄、施肥、播种、铺膜、镇压等工作部件，一次行程可完成多项工序。耕耙犁把犁耕和旋耕两种作业的特点结合起来，一次行程可完成耕、整地作业，充分发挥机具的效能。圆盘犁能切碎干硬土壤，切断草根和小树根，但碎土、翻土和覆盖性能均不如铧式犁，仅用于生荒地和干硬土壤，在我国较少使用。我国在 20 世纪 90 年代初开发的驱动圆盘犁集驱动式和圆盘式耕作机具的优点于一体，对土壤的破碎主要基于拉伸撕裂作用，因而比铧式犁作业效率高，能耗低，已在我国水田和旱地耕作中有局部推广使用。我国北方旱作农业区正逐步推广使用的深松少耕机具，包括凿铲深松机和全方位深松机等。

旱地耕整特别是对于黏重土壤，耕后多使用圆盘耙或缺口耙耙地，有的用圆盘耙作业后再用钉齿耙。圆盘耙还能进行收获后的浅耕灭茬、保墒和松土除草等作业。钉齿耙可在耕后单独使用，有时与铧式犁组合进行复式作业，也能用于幼苗期的疏苗除草。用弹齿耙在石砾地和牧草地进行松土作业，碰到石砾，弹齿不易损坏。网状耙由于其耙齿用弹簧钢丝弯制而成，每个耙齿之间相互铰接，因而对地面高低起伏的适应性强，用于早春除草，播种时覆土及作物苗期除草等作业。钢丝滚子耙可与幅宽相近的犁组串联作业，在湿度适宜的沙壤土和轻质壤土中碎土能力强。近年来，由拖拉机动力输出轴驱动的各种动力耙日益增多，在土壤条件恶劣、湿度过大或过小的黏重土壤中使用可取得良好的碎土效果。如动力滚齿耙，其钉齿按螺旋线交错排列在由动力驱动的水平横轴上，可将表层土壤击碎，并拌和均匀，还有动力往复耙、动力转齿耙等。松软土壤往往用镇压器压实表土，以利于保土保墒。

综观国内外耕整地机械化技术发展趋势，可归纳为：①在旱作农业区推广保护性耕作法。保留秸秆残茬覆盖地表，免耕、少耕，以间隔几年的深松作业和播种前的表土作业取代铧式犁的连年翻耕，节约能耗，蓄水保墒，避免土壤水蚀风蚀，增加有机肥培养地力，改善农业生态环境，实现可持续发展。②发展联合作业机具，机组下田一次行程完成多项作业工序，大幅度提高生产效率，节约机具初置成本、油耗和用工量，减少拖拉机对土壤的反复辗压。③由拖拉机动力输出轴驱动的耕整地机械因比牵引型具有一系列优点而发展成为主流产品。④适应土地流转集中、农业合作组织扩大规模经营及农机专业户跨区作业需要，发展与大功率拖拉机配套的宽幅、高速、高效耕整地机具。⑤适应新农艺和特殊农艺需要，发展秸秆残茬还田、化肥深施、虚实并存耕作、果园耕作，蔬菜园艺温室大棚内耕作等新型耕整地机具。⑥机电仪一体化，应用微电子和计算机技术甚至卫星通讯技术于拖拉机作业机组的自动监测、显示和控制。

二、玉米生产常规耕整地机械化技术及机具

我国玉米旱地机械化耕作常规以铧式犁翻耕模式为主，其中又有平翻和垄作两类。垄作集中在东北高寒地区，传统上使用三角犁铧起土成垄，铧过之处成沟，种子播在垄台的湿土上，并通过苗期耥地培土，加高垄台，增大受光面积以提高地温抗寒。西北干旱地区传统上采用垄沟播种法抗旱和减少风蚀。大部分旱农区用平翻法，铧式犁翻耕后再用耙、耱、压等措施碎土覆盖保墒。

耕整地作业是播种、栽插以及田间管理等作业的基础。目的是通过对土壤进行耕翻、松土，创造疏松绵软、结构良好、活土

层厚、平整肥沃的耕层结构，土壤紧密度适中，促进土壤中的水、肥、气、热相互协调，适应作物生长发育的要求。这就要求耕地作业要达到农业技术要求和服务标准：①保证规定的耕深和碎土要求，田面平整，耕深一致；②作物残茬、杂草和肥料应严密埋覆；③耕作完整，不留田边地角，不重耕漏耕，地表深沟应填平，高垄应铲除。机翻整地的地块要求耕层土壤细碎，地表平整，残茬、杂草量要达到不影响播种的要求。起垄地块要求垄形整齐，垄距均匀，表土细碎，地表无残茬杂草。深翻整地耕层要大于20厘米；深松整地耕层要达到30～40厘米。

（一）铧式犁

铧式犁曾经是应用最广的耕地机械。用铧式犁耕地可改善土壤结构，翻埋残茬、杂草、绿肥或厩肥，有利于消灭杂草、病虫害和恢复土壤肥力。

目前我国能制造与4.4～132.3千瓦拖拉机配套的各种类型铧式犁，产品技术水平不断提高。铧式犁的类型按与拖拉机的连接方式分为牵引犁、悬挂犁、半悬挂犁和手扶拖拉机直联式犁等；按用途分为水田犁、旱田犁、深耕犁、双向犁（翻转犁）等；按结构特点分为栅条犁、菱形犁、调幅犁等。

1. 牵引犁 牵引犁由犁体、犁刀、犁架、牵引装置、起落机构、耕深和水平调节机构、犁轮等组成。犁以牵引装置与拖拉机挂接。耕地时，犁的沟轮与尾轮走在沟底，地轮走在未耕地上。用调节地轮高度来控制耕深。通过水平调节机构调节沟轮的高低位置，使耕地时犁架保持水平姿态，前后犁体耕深一致。由拖拉机液压系统推动犁上的分置油缸，带动沟、地轮弯臂摆动而实现犁的起落，转换工作状态和运输状态（图2-1-1）。

2. 悬挂犁 由犁体、犁刀、犁架、悬挂装置和耕宽调节装置等组成。通过悬挂装置将犁与拖拉机挂接。耕深由拖拉机液压系统力调节或位调节控制，也可由犁的限深轮控制，即高度调节法。为防止重耕和漏耕，通过耕宽调节器改变犁的2个下悬挂点

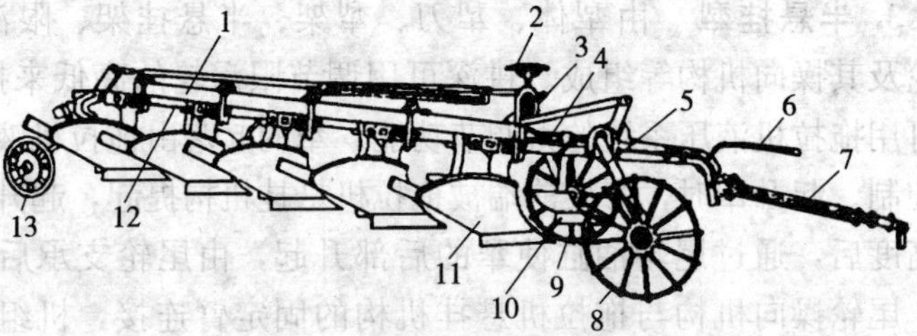

图 2-1-1 机引五铧犁

1. 加强梁 2. 水平调节机构 3. 耕深调节机构 4. 液压油缸
5. 沟轮弯臂 6. 油管 7. 牵引装置 8. 沟轮 9. 地轮 10. 小前犁
11. 犁体 12. 犁架 13. 尾轮

的前后相对位置来控制正确耕宽。耕宽调节器有销轴式和曲拐轴式等（图 2-1-2)。

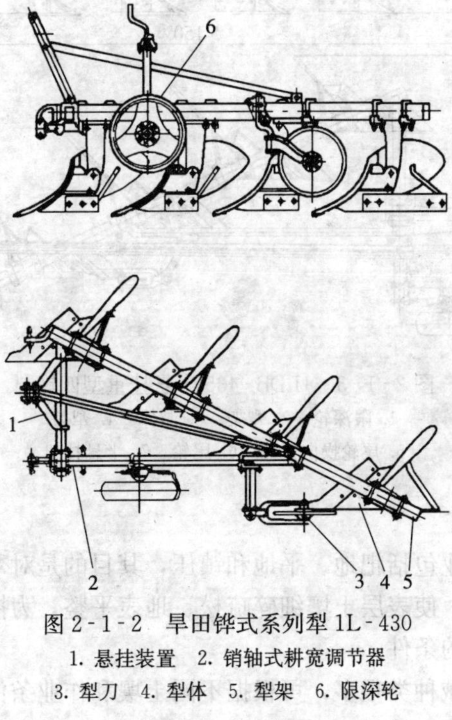

图 2-1-2 旱田铧式系列犁 1L-430

1. 悬挂装置 2. 销轴式耕宽调节器
3. 犁刀 4. 犁体 5. 犁架 6. 限深轮

3. 半悬挂犁　由犁体、犁刀、犁架、半悬挂架、限深轮、尾轮及其操向机构等组成。耕深可用调节限深轮的高低来控制，也可用拖拉机液压系统的力调节功能。犁的起落由拖拉机液压系统控制。起升犁时，犁架前端被拖拉机悬挂机构提起，起升到一定高度后，通过尾轮油缸使犁的后部升起，由尾轮支承后部重量。尾轮操向机构与拖拉机悬挂机构的固定臂连接，机组转弯时，尾轮自动操向（图 2-1-3）。

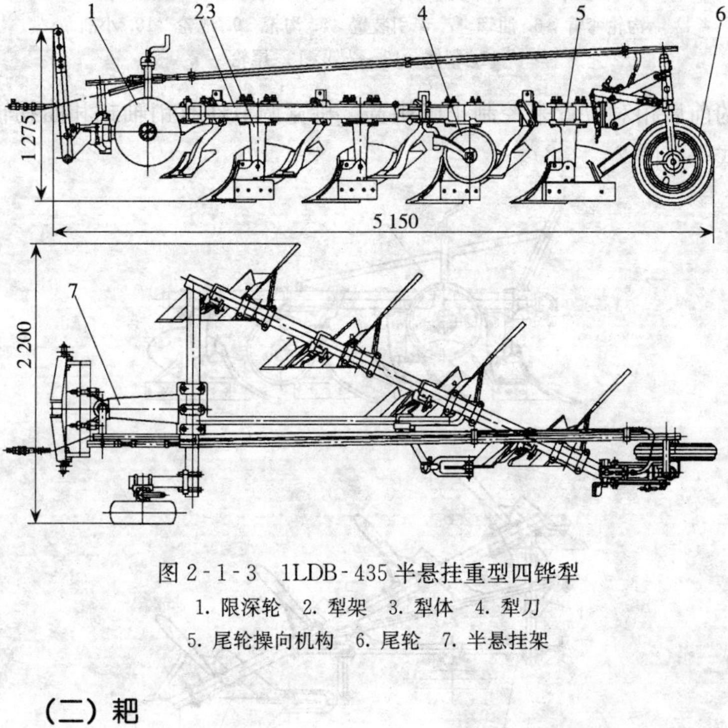

图 2-1-3　1LDB-435 半悬挂重型四铧犁

1. 限深轮　2. 犁架　3. 犁体　4. 犁刀
5. 尾轮操向机构　6. 尾轮　7. 半悬挂架

（二）耙

整地作业包括耙地、平地和镇压，其目的是对犁耕后土壤作进一步加工，使表层土壤细碎疏松、地表平整，为播种和移栽作业准备良好的条件。

整地机械种类很多，可根据不同土壤和作业条件选用。耙是主要的机引整地机具。

旱耕地区，特别是黏重土壤，耕后多使用圆盘耙（图 2-1-4）耙地，有的使用圆盘耙作业后再使用钉齿把（图 2-1-5）。此外，圆盘耙还能进行收获后的浅耕灭茬、保墒和松土除草等作业。钉齿耙可在耕后单独使用，有时与铧式犁组合进行复式作业，也能用于幼苗期疏苗除草。用弹齿耙在石砾地和牧草地进行松土作业，遇到石砾，弹齿不易损坏。网状耙由于耙齿系用弹簧钢丝弯制而成，每个耙齿之间都相互铰接，因此对地面适应性

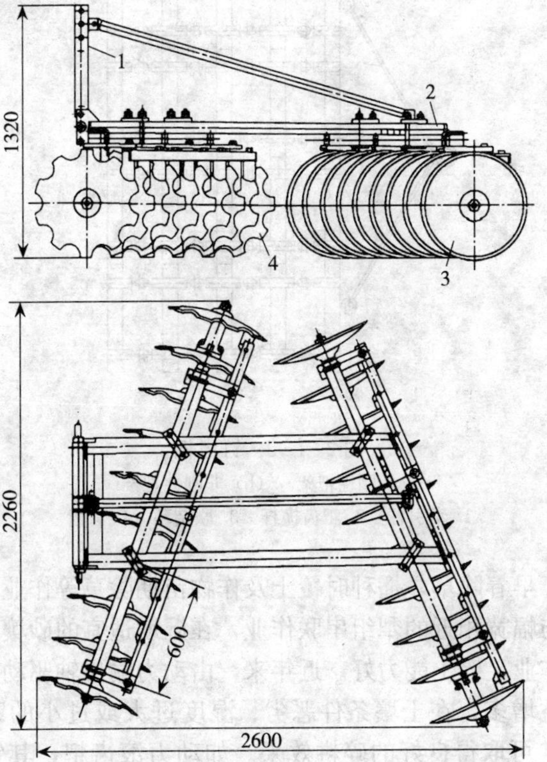

图 2-1-4 1BJZ-2.0 型悬挂偏置式中型圆盘耙

1. 悬挂架 2. 耙架组合 3. 后耙组 4. 前耙组

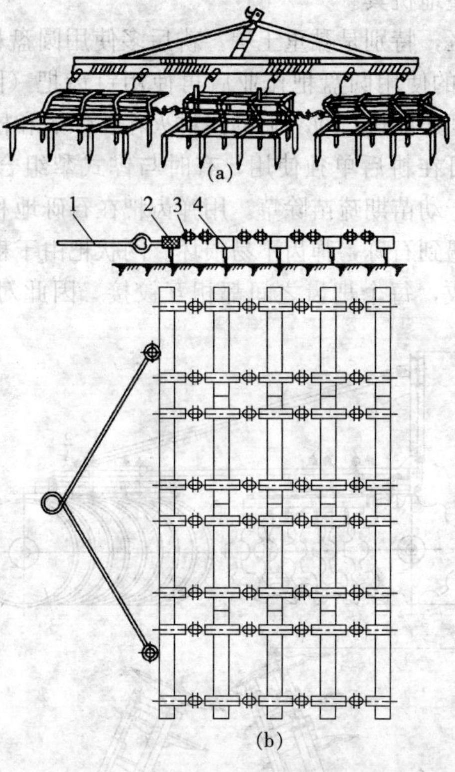

图 2-1-5　钉齿耙
(a) 刚性耙架　(b) 非刚性耙架
1. 牵引杆　2. 耙齿横杆　3. 联结环　4. 钉齿

强，用于早春除草，播种时覆土及作物苗期除草等作业。钢丝滚子耙可与幅宽相近的犁组串联作业，在湿度适宜的砂壤土和轻质壤土上作业，碎土能力好。近年来，由动力输出轴驱动的各种动力耙日益增多，在土壤条件恶劣、湿度过大或过小的黏重土壤上使用，可取得良好的碎耕效果。如动力滚齿耙，其钉齿按螺旋线交错排列在动力驱动的水平横轴上，可将上层土壤击碎并拌和均匀。此外，还有动力往复耙（图 2-1-6）、动力转齿耙

（图 2-1-7）等。

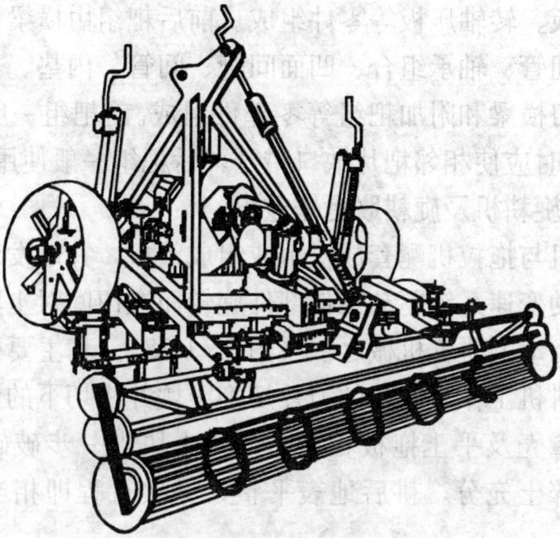

图 2-1-6　动力往复耙

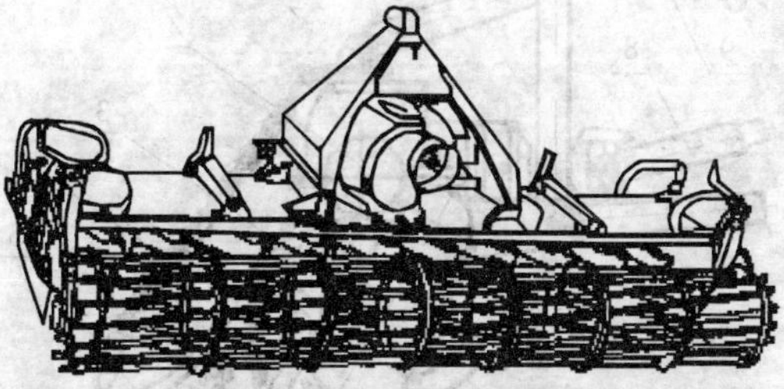

(a)

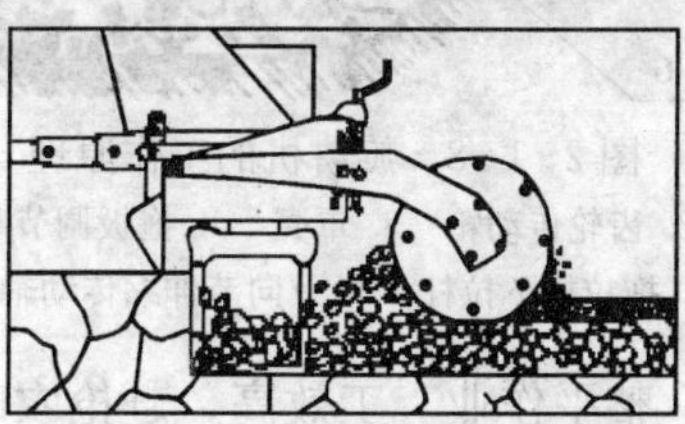

(b)

图 2-1-7　动力转齿耙

(a) 外形及构造　(b) 工作过程

圆盘耙的构造见图 2-1-4，由悬挂架、耙架、前耙组、后耙组、压板、转轴压板等零件组成。前后耙组由横梁、外垫、耙片、凸面间管、轴承组合、凹面间管、间管、内垫、方轴、连接梁、刮泥刀横梁和附加耙组等零部件组成。前耙组一般采用缺口耙片，安装时应使相邻耙片缺口错开，后耙组一般使用圆盘耙片。

（三）旋耕机及旋耕联合作业机

旋耕机与拖拉机配套成机组或组成整机，并以发动机动力输出通过传动变速系统驱动工作部件旋转而在田间对土壤实施加工作业，是驱动型耕耘机械之一（图 2-1-8）。其主要机型——正转卧式旋耕机工作时旋转的刀片切削土壤并将切下的土块向后抛掷与挡泥罩壳及平土拖板相撞击，使土块进一步破碎再落到地面，因而碎土充分，耕后地表平整，一次行程即相当于完成翻

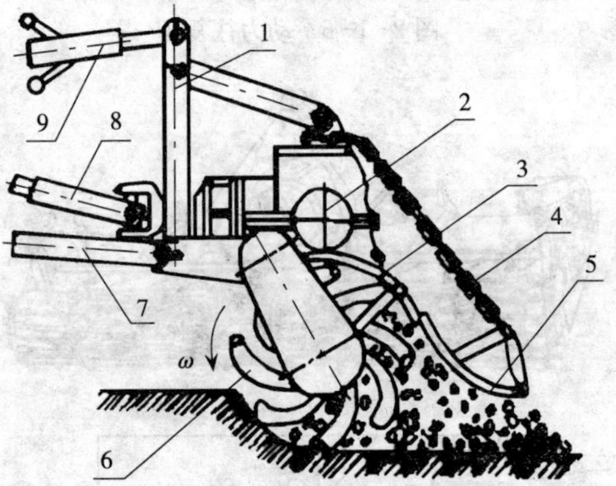

图 2-1-8 旋耕机的工作原理

1. 悬挂架 2. 齿轮传动箱 3. 罩壳 4. 拖板调节装置 5. 拖板 6. 刀辊及弯刀 7. 拖拉机下拉杆 8. 万向节伸缩传动轴 9. 拖拉机上拉杆

耕、细耙、拌和、整平作业。工效高，赶抢农时，作业效果满足精耕细作的农艺要求，充分发挥拖拉机功率，比传统的犁耙多工序作业节约燃油，降低耕整地成本，因而广泛用于水田、旱地、果园、苗圃、温室大棚保护地和草原牧场的耕耘。但使用旋耕机

作业的缺点是对土壤扰动剧烈，功耗较高，杀死有益生物蚯蚓，对地表植被翻埋过多，耕后土壤过分松软，不易控制播种深度。在生态环境脆弱的我国北方旱作农业区推行以免耕、少耕、秸秆覆盖、根茬固土为主要措施的保护性耕作，应有限度地使用旋耕机，仅适宜用作播前表土处理的浅旋耕或对行破茬松土防堵的条带旋耕。

目前正转卧式旋耕机使用最为普遍，它通常采用顺铣方式作业，即刀辊的旋转方向和拖拉机轮子的转向相同，旋耕刀由未耕地表向下向后切土抛土，刀辊切土的反作用合力与拖拉机前进方向一致，因而有利于机组在软、湿土壤上通过。反转卧式旋耕机采用逆铣方式作业，它的刀辊旋转方向与拖拉机轮子的转向相反，旋耕刀由已耕地面入土，从耕层底部开始往前往上切土抛土。研究表明，逆铣所遇切削阻力较小，当耕深大于刀辊半径时，消耗功率也较小；在多石砾的土壤中逆铣作业的旋耕刀不易损坏；但耕深小于刀辊半径时，有较多的土块向刀辊前方抛掷。形成壅土并重复切削。

按与拖拉机的连接方式，旋耕机可分三点悬挂和直接连接 2 种。三点悬挂又可分为中间齿轮传动和侧边齿轮传动 2 种。三点悬挂式旋耕机能与多种拖拉机配套，挂接方便。目前多数产品采用这种联接方式。直接连接又可分为侧边齿轮传动和侧边链条传动 2 种；直接联接旋耕机的齿轮箱或链传动箱用螺栓固定在拖拉机底盘传动箱上，省去了万向节传动轴，纵向尺寸较紧凑，但装拆不便。手扶拖拉机和标准型微耕机采用这种联接方式。

为适应新农艺的要求，旋耕机也由单一耕整地作业向旋耕、灭茬、深松、起垄、播种、施肥、覆膜、镇压、施药等复式作业发展。目前已研究开发多系列以旋耕机为主体或先导，附加相应的工作部件，在田间一次行程完成多工序作业的旋耕联合作业机，它们主要配套大、中功率拖拉机使用，能大幅度提高生产效率，减少机组下地次数，节约燃油消耗等成本，减轻田间作业机械对土壤压实的负面影响。

旋耕机与其他部件或机具结合组成联合作业机，可提高工效，节能降耗，减少机组下地作业次数并减轻机械对土壤的压实。

1. 旋耕联合整地作业机 在旋耕机上附加灭茬、深松、起垄、开沟等工作部件，组合为不同种类的旋耕联合整地作业机。主要用于北方旱农区垄作或平作的联合耕整地作业。常用的有单轴式旋耕灭茬深松起垄联合作业机、双轴灭茬旋耕机、深松旋耕联合作业机、旋耕开沟联合作业机等。

单轴式旋耕灭茬深松起垄联合作业机是在旋耕机的同一根刀轴上轴向交错安装旋耕刀与灭茬刀。旋耕刀在刀轴上采用多区段螺旋线对称排列，换装左右弯刀以变换实施平作或垄作，灭茬刀固定在刀轴上的分组刀盘上，每组3～4个刀盘，每刀盘上固定4～6把灭茬刀。刀盘组与组间中心距与垄距相等，刀盘间距80～240毫米，与相邻的旋耕刀座交错配置（图2-1-9）。

双轴灭茬旋耕机通常是在前面设置灭茬刀辊，后面设置旋耕刀辊。后方再增设起垄部件就构成灭茬旋耕起垄联合作业机。灭茬刀辊转速300～550转/分，旋耕刀辊转速200～280转/分。灭茬刀辊先将玉米等作物残茬切碎至不足5厘米的段，然后旋耕刀辊切、抛土壤，并将已被切碎的根茬均匀混合在土壤中，耕深达18厘米。旋耕刀辊按垄作农艺要求分区段人字形对称排列旋耕刀，使土壤往堆垄方向

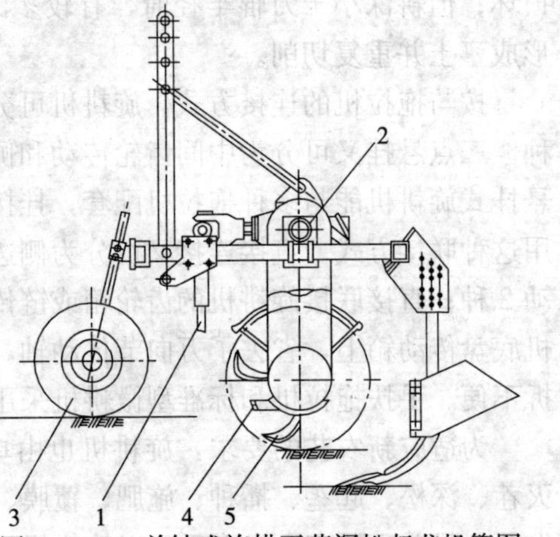

图2-1-9 单轴式旋耕灭茬深松起垄机简图

1. 万向节伸缩传动轴 2. 传动箱总成 3. 限深轮 4. R185灭茬刀 5. 深松起垄铲

抛移，再经后部开沟起垄器铲沟扶垄，即完成灭茬、旋耕、起垄复式作业。按传动路径不同，该类机具还可细分为中间—侧边传动的双轴灭茬旋耕起垄机（图 2-1-10）和双侧边传动的双刀辊灭茬旋耕起垄机（图 2-1-11）。

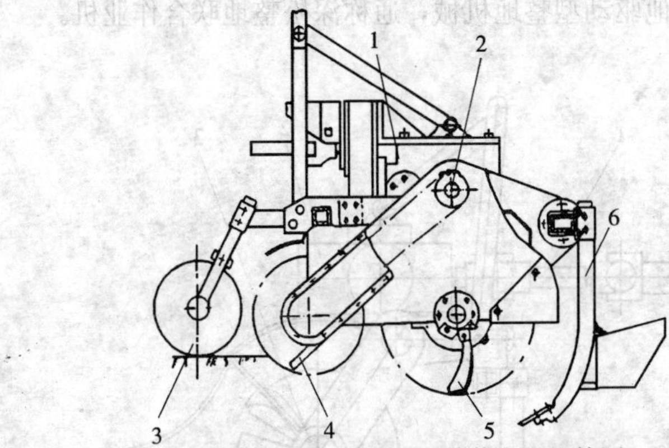

图 2-1-10 双轴灭茬旋耕起垄机简图

1. 中间传动箱 2. 侧边链传动箱 3. 限深轮
4. 灭茬刀辊 5. 旋耕刀辊 6. 起垄铲总成

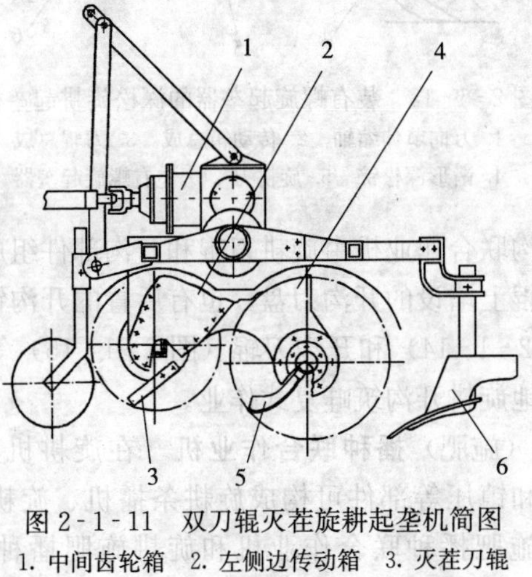

图 2-1-11 双刀辊灭茬旋耕起垄机简图

1. 中间齿轮箱 2. 左侧边传动箱 3. 灭茬刀辊
4. 右侧边传动箱 5. 旋耕刀辊 6. 起垄开沟器

深松旋耕联合作业机通常是在旋耕刀辊或前或后的机架横梁上设置凿形深松铲。有的还在刀辊上增设螺旋起垄器（图 2-1-12）或在后横梁上增设起垄部件（图 2-1-13）即构成深松旋耕起垄联合作业机。另外一类结构形态是在凿铲深松机后联结组合旋耕机或其他驱动型整地机械，通称深松整地联合作业机。

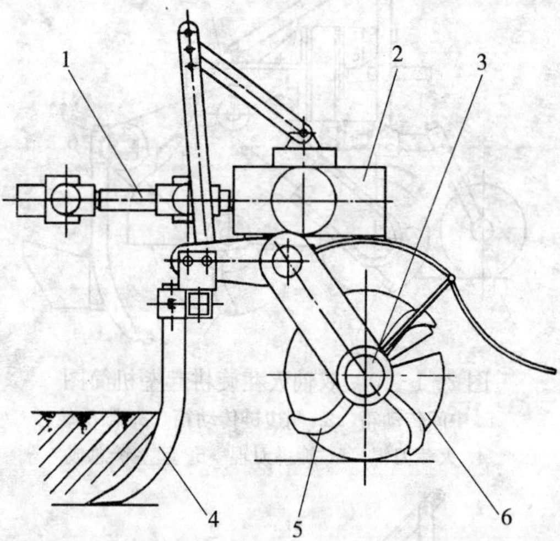

图 2-1-12　装有螺旋起垄器的深松旋耕起垄机

1. 万向节伸缩轴　2. 传动箱总成　3. 刀辊总成
4. 凿形深松铲　5. 旋耕刀　6. 左右螺旋起垄器

旋耕开沟联合作业机由旋耕刀辊和开沟部件组成。开沟部件有在旋耕刀辊上增设的开沟刀盘，也有后置的开沟铲、双翼铧式开沟器（图 2-1-14）和开沟刀辊（图 2-1-15）等几种。常用于可灌排田地旋耕开沟筑畦复式作业。

2. 旋耕（施肥）播种联合作业机　在旋耕机上附加开沟、施肥、播种和镇压等部件可构成旋耕条播机、旋耕播种联合作业机、旋耕施肥播种联合作业机和旋耕施肥播种铺膜联合作业机。

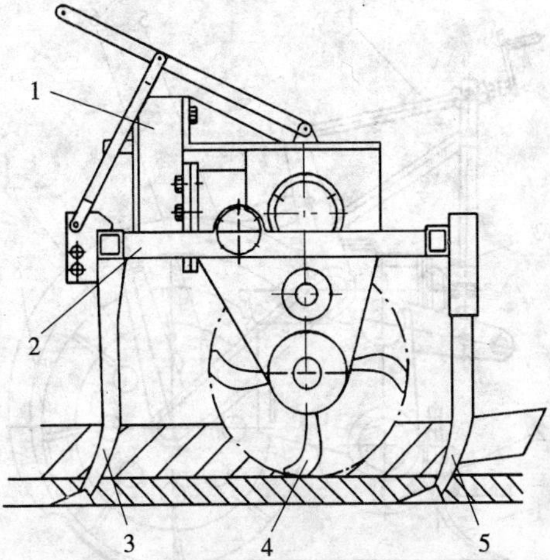

图 2-1-13 装有起垄铲的深松旋耕起垄机

1. 传动箱总成 2. 框式机架 3. 凿形深松铲

4. 旋耕刀辊总成 5. 起垄铲总成

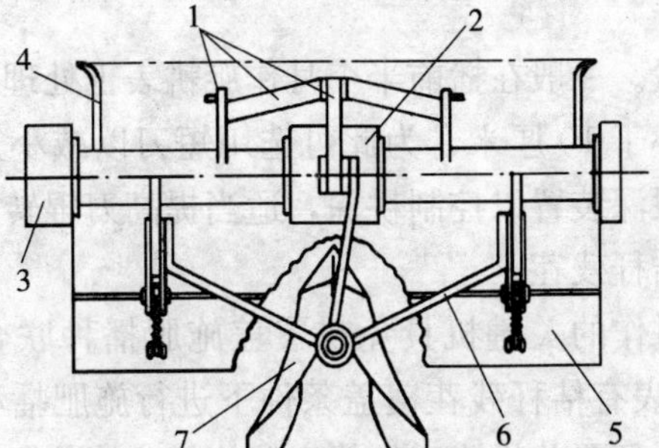

图 2-1-14 装有双翼铧式开沟器的旋耕开沟机

1. 悬挂架 2. 中间传动箱 3. 侧边传动箱

4. 旋耕刀辊 5. 挡泥板 6. 联结装置 7. 双翼铧式开沟器

3. 免少耕旋耕联合作业机 在我国推广实施保护性耕作技术过程中，由于免耕播种机性能尚不能完全满足要求，加之一年两熟区作物产量高，秸秆残茬覆盖量多，需要旋耕机作为表土处

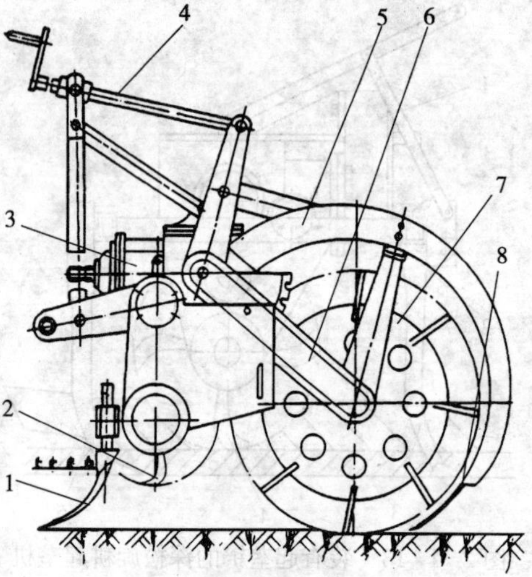

图 2-1-15　装有开沟刀辊的旋耕开沟机

1. 前犁　2. 旋耕刀辊　3. 中间传动箱　4. 沟深调节器
5. 挡土罩　6. 链传动箱　7. 开沟刀辊　8. 清沟犁铲

理的过渡手段。一般在播前半个月作旋耕表土处理，所使用的旋耕机耕深宜小于 10 厘米，为此可选用短刀以减小刀辊半径，并增设地轮等限深装置以控制耕深，适当提高刀辊转速以增大刀刃线速度切碎秸秆残茬。

保护性耕作的关键机具免耕覆盖施肥播种联合作业机在免（少）耕及地表有秸秆残茬覆盖条件下进行施肥播种等作业，必须具有防止秸秆覆盖物堵塞的能力。旋耕防堵装置的机理是采用旋耕刀辊将施肥播种开沟器前覆盖在地表的秸秆残茬与表土切碎、混合、向后抛掷。有很强的防堵能力，尤其是在地表不平的情况下有很强的适应能力，播种质量较高。目前已开发的该类联合作业机有全面旋耕式和带状旋耕式。

2BMXS-3/10 型带状旋施肥播种机适用于一年两熟地区小麦秸秆根茬覆盖地免耕播种夏玉米，或一年一熟地区玉米留茬覆盖地免耕播种春玉米，也可在玉米留茬覆盖地免耕播种小麦。特点是在拨叉变速旋耕机通用机架上组配不同的部件实现多用途联合作业，下地一次行程完成秸秆切碎、带状浅旋、开沟施肥、播种、镇压、喷洒除草剂或农药等多道工序。该系列产品的突出特点是于国内率先在耕作机具上应用信息技术，可选装电子监测数显调控系统。该系统在机具正常工作时，数字显示累计作业面积、当前播种量，并可由拖拉机手用播种量增减按钮电动调控；落种管堵塞时报警，并以数字显示故障行序，提示机手及时准确排除；在种子肥料箱储存量低于安全线时报警，提醒机手及时添加。

三、玉米秸秆还田技术及机械

农作物秸秆数量大、分布广，是农业生产的副产品，也是重要的生物质资源。我国每年生产的 6 亿吨秸秆中含氮 300 多万吨、磷 70 多万吨、钾约 700 万吨，氮、磷、钾的含量超过我国目前化肥施用量的 1/4。秸秆中还有大量的有机质和微量元素，是无机化肥所不具备的。但是，由于农业生产发展、农民生活水平提高而秸秆综合利用技术发展的滞后等原因，许多地区出现了焚烧秸秆以争抢农时的现象。造成了严重的环境污染和生物质资源浪费。因此，实施秸秆还田技术是解决秸秆综合利用的有效途径之一。

（一）玉米根茬的处理技术

耕翻埋压或应用根茬粉碎还田机进行机械粉碎还田作业。耕翻作业可采用铧式犁完成，粉碎还田作业可采用手扶拖拉机（单行）或轮式、履带式拖拉机配套 2～4 行灭茬机完成。粉碎还田作业技术要求：①漏切率不大于 3%，粉碎的长度不大于 5 厘米，大于 5 厘米长的根茬数量不得超过根茬数量的 10%，站立漏切根茬不得超过根茬数量的 0.5%。②工作部件入土深度不低于10厘米。③碎茬与土壤混合均匀，地表细碎平整。④作业后应保持原有垄形。

（二）玉米秸秆的处理技术

玉米秸秆的处理采用机械粉碎还田。使用玉米联合收获机配套的秸秆粉碎装置或专用机具，将摘穗后直立的玉米秸秆粉碎抛洒在地表，随耕翻作业埋入土中，经过一系列物理化学变化，达到疏松土壤、消灭病虫害、增加有机质、改良土壤理化性状、培肥地力、提高产量、减少环境污染、争取农时的目的。

秸秆粉碎还田作业技术要求：①趁秸秆青绿时进行粉碎还田作业，此时秸秆内水分、糖分较多，利于腐解，培肥地力。②施肥。一般每公顷还田7.5吨秸秆时，需补施300～600千克速效氮肥或150～225千克尿素。③粉碎长度小于10厘米。④深埋。使秸秆与肥土混拌均匀，并深埋于距地表20厘米以下土层。⑤整地。为播种创造条件。⑥浇水。消除土壤架空。

（三）适用机具及选择

1. 秸秆粉碎还田机 是利用拖拉机或联合收割机动力输出，通过传动系统驱动粉碎部件高速旋转，对田间农作物站立或割倒的秸秆直接粉碎并抛撒还田的作业机具。基本工作原理：高速旋转的粉碎刀砍切秸秆，并在喂入口负压的作用下将秸秆吸入机壳内，多次砍切、打击、撕裂、搓揉成碎段和纤维状，最后被气流均匀地抛散于田面。

秸秆粉碎还田机的结构按其工作部件形式可分为锤爪式、Y形甩刀式和直刀式等类型；按工作部件运动方式可分为卧式和立式；按传动方式可分为单边传动和双边传动；齿轮、胶带和链条传动；按动力主机又可分为与拖拉机配套的和与联合收割机配套的。目前国内使用较为普遍的是与拖拉机配套、采用单边胶带传动的卧式秸秆粉碎还田机（图2-1-16）。通常采用逆转方式作业，以便充分地拣拾散倒于地面的秸秆并加以粉碎。

国产卧式秸秆粉碎还田机系列部分产品的主要技术参数如表2-1-1。

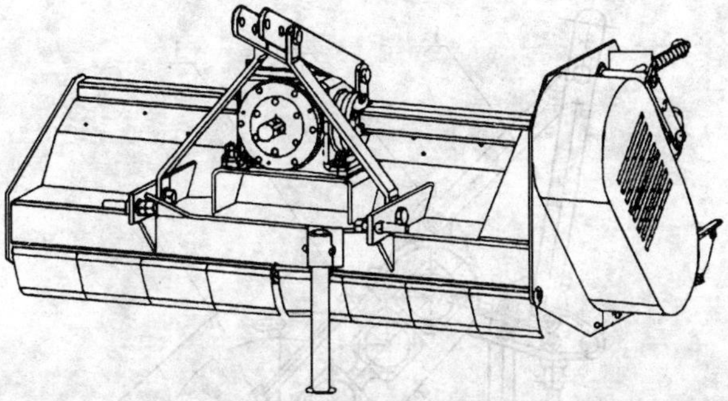

图2-1-16　卧式秸秆粉碎还田机

表2-1-1　国产卧式秸秆粉碎还田机系列部分产品的主要技术参数

型号	配套动力（千瓦）	锤爪数	甩刀数	工作幅（厘米）	刀轴转速（转/分）	整机质量（千克）
1JH-110	22.1～29.4	10	28	100	1 860～2 000	350
1JH-150	36.8～51.5	14	40	150	1 860～2 000	460
1JH-165	40.4～51.5	14	44	165	1 860～2 000	470
1JH-185	44.1～58.8	12	48	185	1 860～2 000	525
1JH-200	47.8～73.5	19	52	200	1 860～2 000	580

2. 根茬粉碎还田机（又称灭茬机）　利用拖拉机动力输出，通过传动系统驱动除茬部件旋转，切断根茬，同时碎土。机罩限制被抛升的根茬和土壤的流向，进一步破碎土壤，并将碎茬和土壤均匀混拌还田。其结构类型按作业功能可分为灭茬机和灭茬联合作业机。

反转灭茬旋耕机用于留茬地的旋耕埋茬作业。其刀辊反转，向上掘起的秸秆残茬和土块沿机罩内面滑动，向后输送抛掷，由于附加了挡草栅，使尺寸较大的秸秆残茬和土块不能通过栅隙，顺栅条滑落刀辊后方，先铺于耕沟底层，而碎土被抛掷通过栅隙，稍后落下盖于表层，实现埋覆秸秆残茬的功能，并使耕后土壤形成下粗上细的层次分布，透气性好，有利于作物着床生长。其结构见图 2-1-17。

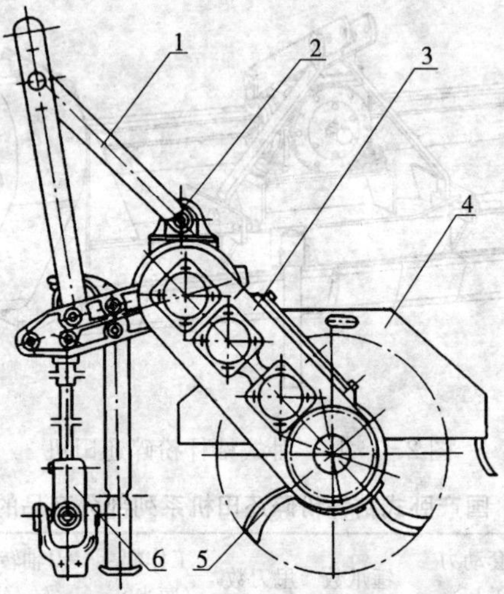

图 2-1-17 反转灭茬旋耕机

1. 悬挂架 2. 中间传动箱 3. 侧边传动箱
4. 机罩及挡草栅 5. 刀辊 6. 万向节伸缩传动轴

常用的灭茬联合作业机有单轴式旋耕灭茬深松起垄联合作业机（图 2-1-9）、双轴灭茬旋耕起垄机（图 2-1-10）和双刀辊灭茬旋耕起垄机（图 2-1-11）等。

四、玉米的保护性耕作技术及机具

保护性耕作与传统耕作的最大差别在于取消了铧式犁翻耕，地面保留大量的秸秆残茬作为覆盖物，并在秸秆覆盖地上免（少）耕播种，实现保水、保土、保肥，减少作业成本，增加粮食产量。多年研究和推广保护性耕作技术的实践证明，实施保护性耕作的关键技术包括秸秆与表土处理技术、免（少）耕播种技术、杂草及病虫害防治技术、深松技术。

这四项技术的实施，靠人畜力很难完成，必须采用机械化的技术手段，才能保证各项作业的质量，进而保证保护性耕作技术效益的发挥。因此，保护性耕作亦被称为机械化保护性耕作。

本节着重介绍秸秆与表土处理技术、深松技术。

（一）秸秆覆盖技术

前茬作物收获后，保留前茬作物根茬与秸秆覆盖地表，是保护性耕作技术的特征之一。秸秆残茬的覆盖方式与保水、保土、保肥的效果有密切的关系。根据各地的具体情况，选择适合当地条件的秸秆覆盖量。

（二）表土处理技术

表土处理是指收获后至播种前用机械对表层土壤进行的耕作（少耕），包括用圆盘耙、弹齿耙、浅松机等进行的表土 10 厘米以内的作业，以达到平整土地、除草等目的。适当表土处理是保证保护性耕作充分发挥效益的重要作业环节。在我国农村地块小、拖拉机功率小、施肥量大、作业行距小、免耕施肥播种质量不易达到较高水平以及农民历来具有精耕细作传统的现实情况下，必要的地表处理对保护性耕作在我国推广实施具有更大的现实意义。

目前，可供选择的地表处理农艺有耙地、浅松和浅旋等。

1. 耙地　可选用圆盘耙或弹齿耙进行，适用于多种作物秸秆覆盖地的地表处理。耙地作业的主要作用是将粉碎后的秸秆部分混入土中，防止在冬季休闲期大风将粉碎后的秸秆刮走或集堆，有利于秸秆覆盖状态的保持。另外，耙地还有平整地表、灭除杂草等作用。

用缺口圆盘耙进行地表处理，无秸秆堵塞现象，作业机械通过能力强；经过耙地处理后，地表翻动和松动多，耙后地表较平整；玉米秸秆粉碎条件下，耙一次可降低秸秆覆盖率 15%～24%；耙地对秸秆覆盖率的降低量随耙片的调整角度、深度而变化；耙第二次时会把第一次翻埋的部分秸秆又翻出来，故耙第二遍对秸秆覆盖率的降低不如第一次大。

耙地处理对小麦秸秆覆盖地的作用与玉米秸秆覆盖地基本相同。由于小麦秸秆比玉米秸秆细小，加上休闲期日晒雨淋，小麦秸秆已大部分腐烂，所以播种前耙地可以切断部分长秸秆，可以降低秸秆覆盖率和平整地表。但水分不适时，耙后会出现较多、较大的土块，在一定程度上会影响小籽粒、窄行距作物的播种质量。

因此，一般情况下，若需要减少地表秸秆覆盖率，应将粉碎后的秸秆与土壤部分混合、防止秸秆被大风刮走或集堆；需要进行地表处理平整土地时，应选择耙地作业。如一年一熟春玉米种植区在玉米收获、秸秆粉碎后进行耙地处理。

2. 浅松 浅松是利用具有表土疏松、除草等功能的松土铲（图 2-1-18），从地表下 5～8 厘米处通过，表层土壤和秸秆从松土铲表面流过，并经过镇压轮或镇压辊镇压，获得平整细碎的种床。实现平地、除草、碎土等功能。

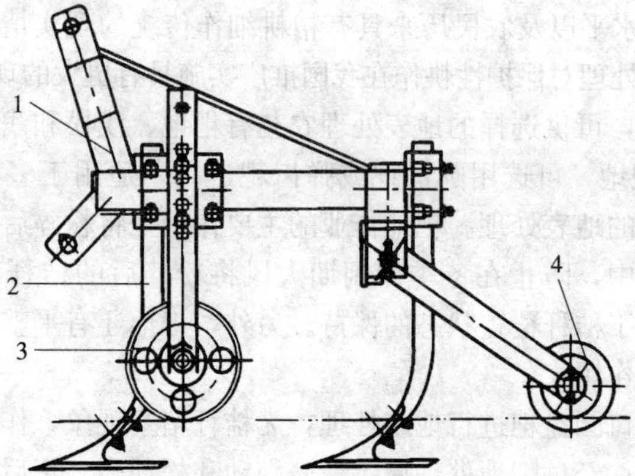

图 2-1-18 1QJ-120 型浅松机

1. 机架 2. 松土铲 3. 限深轮 4. 镇压辊

3. 地表浅旋耕 地表浅旋耕（5 厘米左右）是目前不少推广保护性耕作的地区选择的处理农艺。对平整地表、粉碎并将秸秆与土壤混合、除草等有很好的效果。

我国目前正处于保护性耕作技术推广的初期，免耕播种机的性能尚不能满足完全免耕播种的需要，地表处理机械除传统的圆盘耙外，浅松机械的研究与开发尚不够深入，但在保护性耕作技术实施中确实需要相应的地表处理作业。因此，作为过渡，可以使用旋耕机进行地表处理，但必须注意只能在无其他地表处理手段时才允许采用旋耕机。旋耕处理地表时深度必须控制在5～8厘米，不可过深，更不能多次旋耕。

（三）深松技术

深松技术是利用深松铲疏松土壤、打破原有多年翻耕形成的犁底层、加深耕层而不翻转土壤、适合旱地农业的保护性耕作技术之一。深松能够调节土壤三相比，改善耕层土壤结构，提高土壤蓄水抗旱的能力。深松后形成的虚实并存的土壤结构有助于气体交换，矿物质分解，活化微生物，培肥地力。因此，在旱地保护性耕作技术体系中，深松被确定为基本的一项少耕作业。

深松机械的研究开发在一些欧美国家已相当完善，并形成了系列产品。其松土方式有挤压松土式和振动松土式。国内使用的深松机按工作部件不同可分为间隔深松机、V形全方位深松机和振动式深松机等。

1. 间隔深松机　又称凿铲式或单柱式深松机（图2-1-19）。其工作部件是有刃口的铲柱和安装在其下端的深松铲，横向相邻工作部件按一定间隔配置，作业后两铲间有未松土埂。有些产品在铲柱的上部加装有双翼浅松铲，在对中、下层土壤深松的同时对全表层土壤浅松。

国产1SB-5/7型间隔深松机的主要技术参数如下：配套动力117.6千瓦；工作幅宽2.22～3.02米；生产率1.8～2.0公顷/小时；工作部件组数5/7组；松土深度40～50厘米可调；松土系数0.2～0.3；悬挂形式后三点悬挂；机具质量900千克。

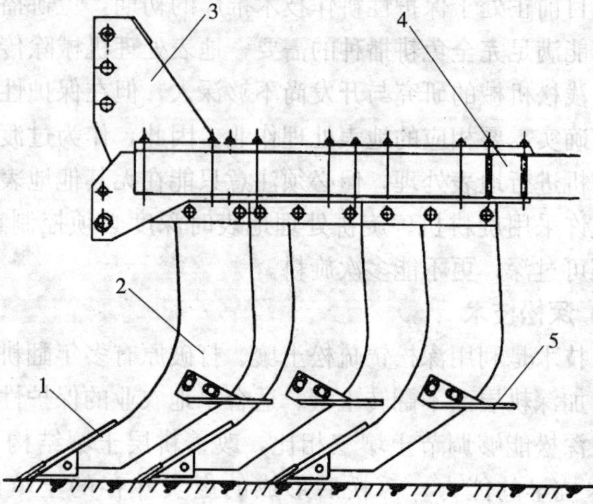

图 2-1-19　间隔深松机
1. 深松铲　2. 铲柱　3. 悬挂架　4. 机架　5. 双翼浅松铲

2. 全方位深松机　其工作部件采用 V 形（或称倒梯型）铲刀（图 2-1-20）。松土原理和特点是：①作业时铲刀部件的底刀和两侧刀切出 V 形土条，当机具以一定速度前进时，工作部件对土条进行挤压、剪切和拉伸，使土壤松碎并落回开出的 V 形沟内，可避免跑墒。②深松比阻小。1SQ-250 型全方位深松机作业深度 40～50 厘米时，其牵引阻力在 16～30 千牛之间，比阻为 40～58 千牛/米^2，比铧式犁的耕翻比阻要小 35%。③松土范围大，效果好。松土系数（作业面积中深松区域所占的比例）为 0.57～0.77，远大于凿式深松机的 0.2～0.3，而且与凿式深松机相反，作业深度愈大松土区愈大，松土系数变高。④一般土壤条件下全方位深松后，会在松土区底部形成连续的“鼠道”，有利于低洼地、盐碱地的排水。⑤能完整地保持地表植被覆盖，减少土壤的风蚀与水蚀。

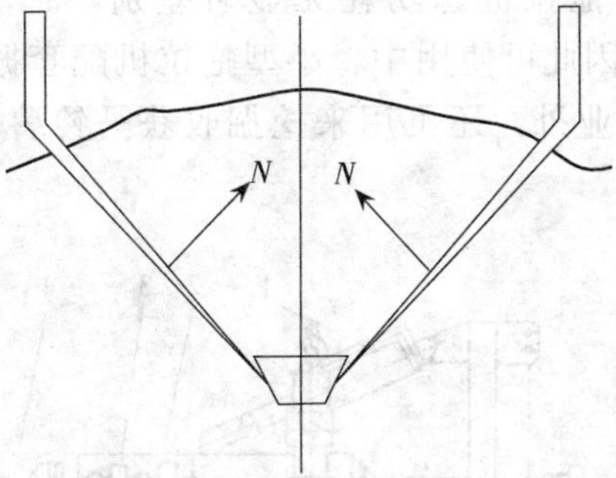

图 2-1-20　全方位松土机的松土原理

1SQ-250 型全方位深松机（见图 2-1-21）的主要技术参数如下：配套动力东方红-75/802 履带拖拉机；工作幅宽 1.44 米；生产率 0.67～1.0 公顷/小时；工作部件组数 2 组；松土深度 40 厘米、45 厘米、50 厘米可调；松土系数 0.63～0.77；悬挂形式后三点悬挂。

图 2-1-21　1SQ-250 型全方位深松机

3. 振动式深松机　其工作原理是利用拖拉机牵引，并以动力输出轴驱动振动源，促使深松工作部件一边前进一边按一定频率和振幅作上下或左右振动（图 2-1-22）。试验表明，与非振动机具相比，拖拉机总功耗无显著差别，而牵引阻力降低20%～30%，因此可使用中、小型拖拉机配套振动式深松机。除用于深松作业外，还可用来挖掘收获马铃薯、甜菜和中草药等。

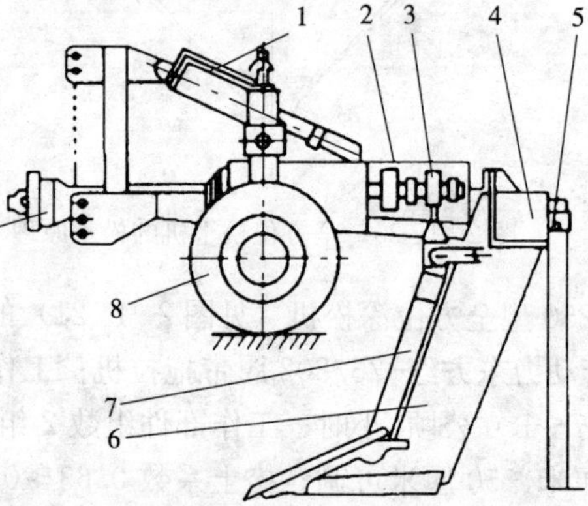

图 2-1-22　振动式深松机

1. 液压缸　2. 罩盖　3. 偏心轮　4. 机架　5. 支腿
6. 主铲柱　7. 振动柱　8. 限深轮　9. 万向节传动轴

国产 1SZ 系列振动深松机部分产品的主要技术参数如表 2-1-2。

表 2-1-2　国产 1SZ 系列振动深松机部分产品的主要技术参数

型号	动力（千瓦）	耕深（厘米）	速度（千米/小时）	振幅（厘米）	频率（赫兹）	质量（千克）	选装件
1SZ-160	11～36.5	20～40	2.5～6	15～35	8.5～9.3	123	鼠道器
1SZ-360	≥36	25～50	2.5～6	15～35	8.5～9.3	276	鼠道器

五、玉米（播种前）行走式节水补灌技术及机具

我国严重缺墒旱作区，包括甘肃、宁夏、陕西、内蒙古和

黑龙江、吉林、辽宁、河北的部分地区，没有常规的灌溉条件，春播时往往十年九旱，土壤墒情达不到玉米种子发芽的最低要求，需要在播种前或播种时补水造墒，提高种床的土壤含水量。

1. 牵引水车式人造底墒机　由拖拉机拖挂水车，在水车后面悬挂肥箱及单行或双行开沟灌水器（图 2-1-23）。这类人造底墒机也可由施水播种机改装而成。由于拖挂的水车载水量大，适用于长垄作业。这一类机具在吉林省、黑龙江省得到广泛应用。

2. 机载水箱式人造底墒机　由施水播种机改装而成，水箱安装在拖拉机或农用运输车上，车的后面悬挂开沟灌水器。

图 2-1-23　牵引水车式人造底墒机

3. 施水播种机　行走式施水播种机在旱地复式作业，首先开沟灌水，紧接着种子被播在湿润的种床上，覆土后，种子周围的湿润区能保持一段时间，供给种子发芽出苗所需水分。

行走式施水播种机主要有农用运输车施水播种机、条灌条播施水播种机、条灌穴播施水播种机、穴灌穴播施水播种机、覆膜施水播种机等几种形式。

农用运输车施水播种机采用农村运输车辆为动力，车上装载水箱，车后悬挂施水播种机。这种机型用于平作和垄作施水播种玉米、高粱、豆类等穴播或条播作物，可一次完成开沟、施水、播种、施肥、覆土、镇压等作业。由于运输车行驶速度快，距水源较近时可由机组自行去加水，一般不用另配运水车。但因车辆牵引力有限，一般只能配单行播种机。播种机应能相对于车辆横向调节，以适应不同行距及双向行驶作业的要求。卸去水箱与播种机即可恢复车辆的运输作业功能。

牵引式条灌穴播施水播种机（垄作施水播种机），机组由拖拉机牵引装有水箱的挂车，在挂车后再牵引施水播种机，俗称“一条龙”（图 2-1-24）。适用于垄作地区抗旱播种玉米、高粱等宽行距作物，一次行程完成开沟、施水、施肥、播种、覆土作业。在吉林省和黑龙江省制造和推广应用较多。

图 2-1-24 垄作施水播种机

2BFS-3A 型玉米免耕施水播种机（机载水箱条灌穴播施水播种机），适用于一年两熟农作区夏玉米的抗旱施水播种。机具由施水装置、免耕播种机两大部分组成（图 2-1-25），一次行程可完成施肥、施水、播种、覆土等项作业，实现肥、水、种同位分层施放，作业后秸秆残茬覆盖地面，有利于蓄水保墒，增加土壤有机质。

图 2-1-25　机载水箱条灌穴播施水播种机

2BSF-4 型机载水箱免少耕施肥穴灌穴播机（图 2-1-26），穴播穴灌机构由水箱、水管、间歇灌水装置及播种装置等组成。可以实现穴播玉米、同步穴施水。

图 2-1-27 为机载水箱条灌穴播覆膜机。

图 2-1-26　机载水箱免少耕施肥穴灌穴播机

图 2-1-27　机载水箱条灌穴播覆膜机

第二节　玉米种植机械化技术

一、玉米种植机械化技术发展现状与趋势

我国用器械播种已有很长的历史，公元前 100 年左右已经有了耧。新中国成立后，我国播种机从引进、仿制到自行研制，发展较快。早在 20 世纪六七十年代就有玉米播种机械，由于当时农村土地是集体经营，土地相对比较集中，玉米播种机械以大型条播机为主，机具保有量和作业面积不大。到 80 年代初农村实行了联产承包责任制后，由于地块较小，玉米播种机械首先从比较适应一家一户使用的单行玉米点播机（器）和与手扶拖拉机及小四轮拖拉机配套使用的二行玉米播种机开始发展。到了 90 年代初，黄、淮、海流域等地相继研制生产出与轮式拖拉机配套使用的玉米灭茬播种机和玉米硬（铁）茬播种机，开始广泛推广。之后，随着联合收割机跨区作业的发展，小麦联合收割机收获面积逐年大幅度增长，小麦收获时间大大缩短，加之小麦实现联合

机收后，农民又迫切希望实现玉米机械播种，这些都为大面积实施玉米播种机械化技术创造了条件，使得各类玉米播种机械出现供不应求的局面，玉米机械化种植面积大幅度增加。近年来，随着农村经济的发展，农村劳动力的转移，农民生活观念和生产行为的变化，广大农民迫切要求使用先进的机械化种植技术。另一方面，随着农业科学技术的不断进步，玉米新品种、新栽培技术和新管理技术不断涌现，对玉米播种机械化技术也提出了新的要求。例如，采用玉米精（少）量播种、玉米免耕播种、玉米灭茬播种、玉米地膜覆盖播种、玉米育苗移栽等新技术，实现机械化播种，不仅可减轻劳动强度，提高工作效率，而且可以抢时间、增积温，趁墒抢种，不误农时，保证播种质量，取得玉米高产。同时也为田间管理和玉米机械化收获创造了条件。因此，大力发展玉米种植机械化潜力巨大，是今后的发展方向，具有广阔的发展前景。

二、玉米播种作业农业技术要求

（1）选用抗病和抗逆性好的优良玉米一代杂交品种，最好是进行种子清选和药物包衣处理。

（2）要求被播种的土壤或苗床平整、松软，墒情适宜，利于种子着床和发芽。

（3）玉米生长期短，要做到适时播种，保证玉米生长期有一定积温。由于玉米生长期短，一般在100天左右，要保证玉米高产，对玉米种植时间有特别要求。玉米种子发芽的最低温度一般为10～12℃，可作为确定玉米播期的依据。我国各地的农业生产条件差异较大，黄淮海流域绝大部分地区适宜播种夏玉米，播种期一般在5月底和6月初。东北地区每年的无霜期较短，为一年一熟制，玉米播种期一般在5月中旬。西北等一些高寒山区适宜种植春玉米，播种期一般在4月底和5月初。

(4) 播种量应根据地力、品种、种子发芽率和农艺对种植密度的要求而定。亩播量一般在3～5千克，亩基本苗3 000～5 500株。

(5) 对播种的要求。行距一般分宽窄行和等行距2种。宽窄行一般在40厘米＋80厘米，等行距一般在60～70厘米之间。播种深度适宜，深浅一致。一般播种深度要求在5～6厘米之间，最深不能超过10厘米。一般株距要求在20～30厘米之间，播种均匀，无缺苗断垄。覆土严密，镇压适中，播到地头地边。

三、玉米精（少）量播种机械化技术

（一）玉米精（少）量播种机械化技术简介

玉米精（少）量播种机械化技术是指通过机械将玉米种子按照农艺要求定量、定位播入土壤，以达到减少种子用量。特点是一穴一粒，一般不需要人工间苗，节省间苗工，实现高产栽培技术。

玉米精（少）量播种机械化技术是整套的综合栽培技术措施，包括培肥地力，选用适宜良种，提高种子质量和播种质量，实行精（少）量播种，控制基本苗的数量及其分布均匀度，适期播种，化肥深施，合理运用水、肥、光照及中耕、深松等多种技术措施。

（二）玉米精（少）量播种机械化技术要点

1. 适用范围 适用于水、肥、土、光条件较好，基础产量较高的地块。

2. 播种前的准备 对一年两熟制地区，在前茬作物收获后要及时耙茬或深松播种，对于墒情差的地块，要浇好出苗水，保证全苗。对一年一熟制地区，要先期进行深耕整地。耕深25

厘米以上，打破原有犁底层，加厚活土层，为促进根系发达，创造良好条件。深耕后，根据土质情况，可先用旋耕机旋耕，后用钉齿耙耙透，做到地面平整，上虚下实。对于东北等进行垄上播种的地区，在整地的同时要起好垄，为来年播种做好准备。

3. 科学施肥　根据土壤墒情和肥力情况，本着“以农家肥为主，化肥为辅，氮、磷、钾有机结合”的原则，先施足底肥。在两茬连作区夏玉米播种由于时间紧，在底肥不足时，可追施化肥 1～2 次。当土壤墒情较好时，可在播种的同时侧深位施用少量壮苗肥；在玉米生长期结合中耕追施一定量的氮肥或复合肥，以利于作物生长和增产。

4. 选用优良品种　选用抗倒伏、抗病、优质、高产稳产的玉米杂交品种。播种前要对种子进行清选、包衣并进行发芽率试验。

5. 播期　选择当地最佳播期并适当早播。

6. 播量　播量应按照品种特性、基本苗、播期及田间成苗率计算。各地在实际播种时，根据实际情况和农艺要求，灵活掌握，一般亩播量仅供参考，精（少）量播种首先要保证基本苗满足玉米高产栽培要求。

7. 播深　播种深度以 5～6 厘米为宜。如果土壤黏重，墒情好时，可适当浅些，一般 4～5 厘米；对质地疏松、易于干燥的沙质土壤，播种应适当深一些，可增加到 6～8 厘米，但最深不能超过 10 厘米。

8. 行距　玉米行距一般 60～70 厘米，以利于机械化收获。

9. 及时检苗补苗　玉米出苗后 1 周内要对苗进行检查，发现缺苗断垄的，应及时移栽补苗。

10. 技术状态检查调整　播前对精（少）量播种机技术状态进行检查调整，使播种机达到正常工作状态。

(1) 技术状态检查：①零部件应完整无损、无变形，各部位螺钉不应松动，各调节装置应调整轻便、灵活，固定牢固。②排种（排肥）装置应完好无损、转动正常，刷种装置可靠、各行排量一致、排种均匀。输种管完好，种子通过畅通，不外漏。③种子箱（肥料箱）无裂缝，有盖，箱内无杂物，以免影响排种（排肥）或损坏排种（排肥）部件。④传动系统应传动灵活可靠，齿轮传动时应全齿咬合，齿顶与齿根之间有合适的间隙；链条传动时，链轮应在同一平面内，链条紧度用手在链条中间压时，下垂度不大于 20 毫米。各转动部位应加注润滑油。⑤各开沟器间的间距相等，偏差不超过 5 毫米。播种机升起位置时，圆盘开沟器的圆盘转动灵活，无晃动，两圆盘接触间隙不大于 3 毫米。圆盘安装的导种板不应妨碍圆盘转动。锄铲式开沟器最低点应在同一平面上，高度差不超过 10 毫米。⑥液压升降机构应起落灵活可靠。

（2）机具调整：播种前应对机架的挂接状态、行距、播深、播量、各行播量一致性等进行调整。①按玉米播种要求的全株距调整，实现一穴一粒，无需间苗，但对种子和种床要求较高，种子要求精选并进行包衣处理。②按玉米播种要求的株距一半或大于一半进行播种，使得实际播种子粒（株穴）数比要求的种植密度增加 10%左右，以防因种子质量、虫害等因素影响播种后种子出苗不全的问题。

11. 播种机作业性能应达到的要求

（1）播种性能和精度指标达到表 2-2-1 的要求。

（2）种子破损率机械式≤1.5%，气力式≤0.5%。

（3）播种深度合格率不小于 80%（理论深度±1 厘米为合格深度）。

（4）同一播幅内行距的最大偏差不大于 4 厘米。

（5）施肥各行排量一致性变异系数≤13%，总排量稳定性变异系数≤7.8%，排肥断条率小于 3%，排肥均匀性变异系数≤40%，施肥位置准确率≥70%。

表 2-2-1　播种性能和精度指标

项　　目	种子粒距区间（厘米）	
	10～20	20～30
粒距合格指数（%）	≥70	≥75
重播指数（%）	≤70	≤75
漏播指数（%）	≤17	≤13
合格粒距变异系数（%）	≤38	≤35

12. 试作业　播种机经检查调整后，在正式播种前还必须进行田间试播。因为在田间作业中，整地质量、土壤墒情、机器振动、地形变化、地轮转动滑移，都会对播种质量产生影响，还要通过试播检查播量、株距、播深、覆土效果及播种均匀性等是否符合要求，如不符合要求还要进行调整。

（三）玉米精（少）量播种机具介绍

当前推广使用的玉米精（少）量播种机具种类较多，结构配置大同小异，主要是排种方式有所不同。按排种方式不同可分为可调型孔轮式、仓转式和气力（盘）式三大类。

1. 2BY-3 型可调型孔轮式玉米播种机　结构如图 2-2-1 所示，2BY-3 型可调型孔轮式玉米播种机主要由机架、防缠施肥开沟器、播种器、覆土机构、地轮传动机构、护链盒、弹簧浮动支杆、种箱、化肥筒等部件组成。当播种机工作时，机具与拖拉机三点悬挂连接，播种机在拖拉机牵引下工作，种子箱内的种子靠自重充满排种器，驱动地轮转动时，通过传动链条带动排种器转动，排种器将种子均匀排出，种子经输种管落入开沟器开出的种床，再经覆土、镇压，完成播种作业。

工作原理如图 2-2-2 所示，可调型孔轮式排种器是在外槽轮式排种器的基础上改进而成的，主要由种子箱、型孔轮、排种轴、毛刷等组成。工作原理与外槽轮式排种器相同，工作时，种子箱（7）底部充满种子，地轮通过排种轴（3）驱动型孔轮（2）

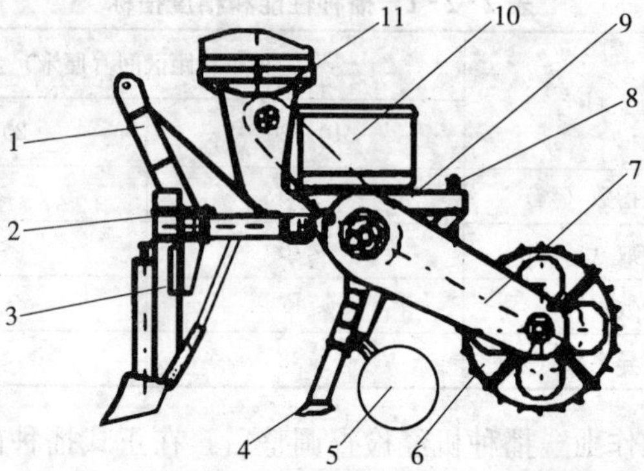

图 2-2-1 2BY-3 型可调型孔轮式玉米播种机结构简图
1. 机架 2. U 形螺钉 3. 防缠施肥器 4. 播种开沟器
5. 覆土器 6. 地轮 7. 护链盒 8. 弹簧浮动支杆
9. 种箱支架 10. 种箱 11. 化肥筒总成

作逆时针转动，毛刷（5）将型孔以外多余的种子挡住，只允许型孔内的种子排出，实现穴播。将外槽轮改进成可调型孔轮，结构和传动都比较简单，同时型孔轮的大小可以沿轴向调节，以适应种子的大小。将该排种器安装在单体玉米播种机上，投种高度较低，播种比较均匀，能做到精（少）量播种。但型孔充种性能较差，不适合高速作业。

2. 2BYF-3A 型仓转式玉米播种机 结构如图 2-2-3 所示，2BYF-3A 型仓转式玉米播种机由机架、种子箱、化肥筒、地轮、排种机构、排肥机构、排种传动结构、排肥传动结构、开沟器、覆土器、拉杆等部件组成。该机与小四轮拖拉机配套作业，用于精（少）量穴播玉米，兼播大豆、花生、棉花，可条施晶粒状化肥，一次完成开沟施肥、开种沟、播种、覆土、镇压等项工序。机架为主骨架，其上、下悬挂臂与拖拉机连接，前梁安装施肥开沟器，后梁安装单体播种机总成；防缠施肥开沟器用于清除机具前方秸茬、杂草等；各单体播种总成相对独立，每个单体可以独立完成排肥、开创种床、排种、覆

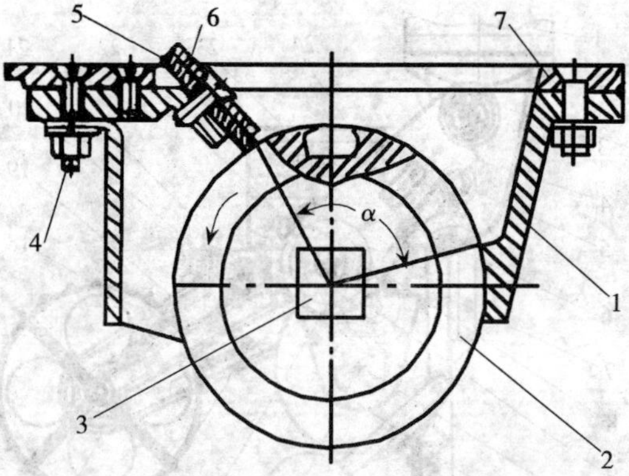

图 2-2-2　可调型孔轮式排种器结构示意图
1. 排种器壳体　2. 型孔轮　3. 排种轴　4. 螺栓
5. 毛刷　6. 压板　7. 种子底箱

土、镇压等工作。该机排种机构采用重力清种，取消了刮种器，不伤种子；采用“零速”、等势、低位投种，穴距精确，穴内种子集中，易定苗。

2BYF-3A 型玉米仓转式玉米播种机工作原理如图 2-2-3 所示，地轮在地面滚动时通过主链轮、过渡输入链轮和主链条带动过渡轴转动，过渡轴上的主动齿轮通过摆移齿轮带动从动齿轮转动，从动齿轮带动仓转式排种装置排种，玉米种子落入开沟器所开的沟内，覆土装置覆土完成玉米播种作业。同时，过渡轴上输出链轮通过排肥链条带动排肥链轮，排肥轴、排肥器转动，排出的肥料落入施肥开沟器开出的沟内，完成施肥作业。

仓转式排种装置的排种原理如图 2-2-4 所示，该排种机构是在一个滚筒圆周面上均布一些排种器，排种器内部有在重力作用下工作的 3 个活门，即充种活门、清种活门和排种活门。滚筒内装适量（排种盘一半以下）种子。工作时排种器随滚筒转动，排种器在每转动一周内，受重力作用，其内部的渡种舌随排种器

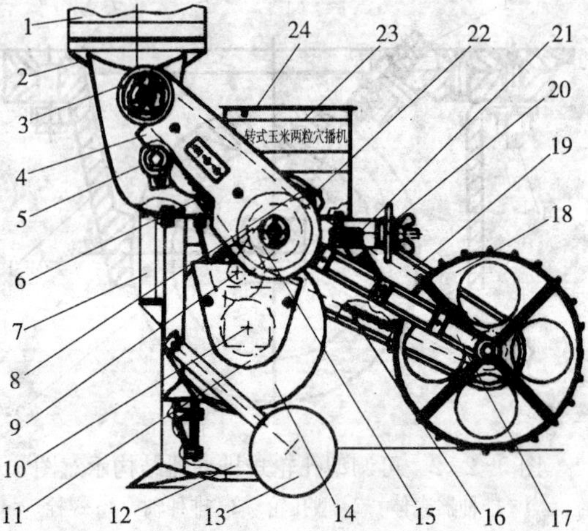

图 2-2-3　2BYF-3A 型仓转式玉米播种机

1. 化肥筒　2. 清肥筒　3. 调肥手轮　4. 施肥链盒　5. 施肥链条张紧轮　6. 施肥链条　7. 支架连接柱　8. 主动齿轮　9. 摆移齿轮　10. 从动齿轮　11. 齿轮护罩　12. 开沟器　13. 覆土器　14. 排种机构　15. 摆移齿轮臂　16. 主传动链条　17. 拉杆　18. 地轮　19. 主动链条护链盒　20. 调播深手轮　21. 调深指示牌　22. 株距调整蝶形螺母　23. 种子箱　24. 种子箱盖

所旋转角度的改变而摆动，先后经过候选、选取、清种、渡种、护种、投种 6 个过程，完成一个排种循环。①充种——采用法向充种，种子受离心力和重力的合力法向进入型孔，充种效果好，可用于高速作业；②清种——采用重力清种，不伤种子，清种精度高；③渡种——由 2 个渡种舌“搭桥”，关闭充种口，将充种区和护种区分离，成功地将种子送入护种区；④护种——采用跟踪护种，进入护种区的种子被护种舌的控制在一定的空间内等待，直到投种点时才投出，保证了同穴的各粒种子的运动状态相同，使得成穴性好；⑤投种——采用“零速”投种，投种时种子既存在与前进方向相反的水平分速，又存在种子由于随机器前进惯性作用而具有的与前进方向相同的速度，二者可以抵消或部分抵消，使得种子落地后消除或减少了水平方向的移动，可保证株距准确。

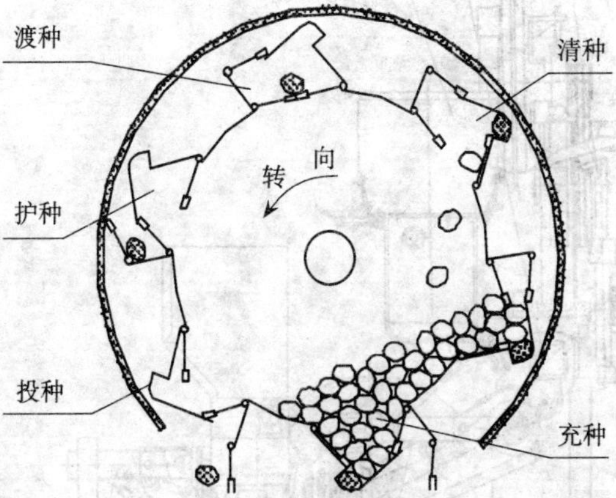

图 2-2-4　排种原理图

工作时，拖拉机连接悬挂架，牵引仓转式排种装置转动，其工作过程要经过充种、清种、护种和投种四大步，充种是将一定量种子充入型孔，清种是去掉型孔外多余的种子，护种是将型孔内种子送至投种点，投种是把种子投入种床。以其独特的排种原理，一次完成播种机的开沟和播种作业。有的机型上设有施肥装置，可实现一机多用。

3. 2BQ-4 型气吸式精密播种机　结构如图 2-2-5 所示，2BQ-4 型气吸式精密播种机主要由风机及其传动、划印器、主梁、施肥装置及传动系统、开沟器、地轮组合、仿形组合、开沟器、限深板、排种器、覆土镇压组合等部件组成。它的结构特点是通过拖拉机动力输出轴驱动风机叶轮高速旋转并产生气压，气吸室出气口与风机进气口间用塑料管连接，使气吸室产生负压，使用精密排种盘实现精量播种。它具有作业质量高、排种均匀性好、种子破碎率低、适用于高速作业等特点。但它需要在播种机上安装风机，对气密性要求较高，结构相对复杂，风机需要消耗

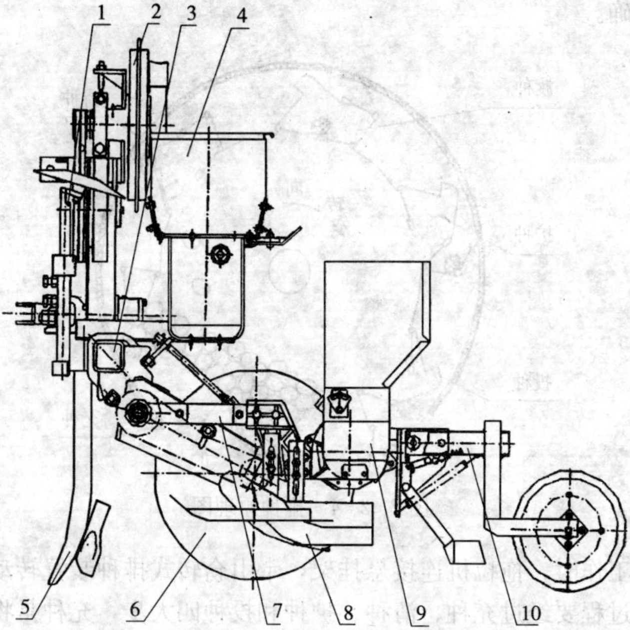

图 2-2-5　2BQ-4 气吸式精密播种机结构示意图

1. 风机及其传动　2. 划印器　3. 主梁　4. 施肥装置及传动系统　5. 开沟器　6. 地轮组合　7. 仿形组合　8. 开沟器、限深板　9. 排种器　10. 覆土镇压组合

大的功率，机具造价较高，不但适用于玉米精量播种，而且适用于大豆等农作物播种，该机型上设有施肥装置，可实现一机多用。

工作原理：工作时，拖拉机连接悬挂机架，并通过动力输出轴驱动风机产生负压，当排种盘的吸孔转入气吸道时，小孔一侧为负压，而另一侧则刚刚处于种子室的充种区，种子即在压力差作用下被吸附在排种盘孔上，种子随排种盘一起转动。当种子转到气吸道末端时，负压结束，种子靠自重落入开沟器开出的种床内，实现播种。

气力（盘）式玉米精量播种机按排种器的工作原理不同又可细分为气吸式和气吹式两种，其他结构配置大同小异。

气吸式排种器工作原理如图 2-2-6 所示。气吸式排种器上有一个带有吸种的垂直圆盘，叫吸种盘，盘背面是与风机吸风管连接的吸气管，正面与种子接触。当吸种盘在种子室中转动时，种子被吸附在吸种盘背面的吸孔上。当吸种盘转向下方时，圆盘背面由于与吸气室隔开，种子不再受吸种盘两面压力差的作用，靠自重落入开沟器完成排种过程。

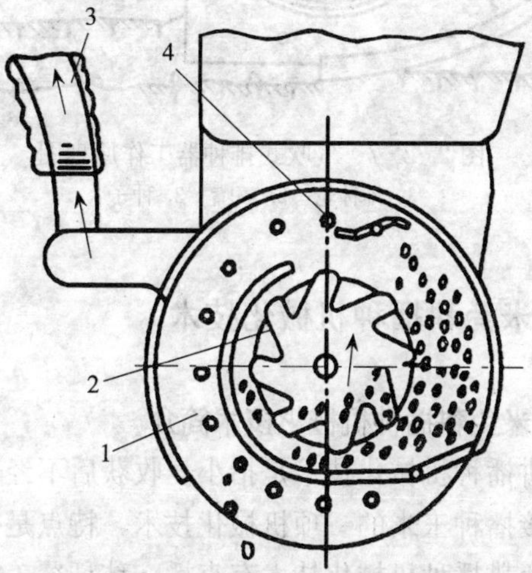

图 2-2-6　气吸式排种器工作原理图
1. 吸种盘　2. 搅拌轮　3. 吸气管　4. 刮种板

气吹式排种器工作原理如图 2-2-7 所示。气吹式排种器上带有一个锥形孔的吸种圆盘，型孔的底部有与圆盘内腔吸风管相通的孔道，称为吸种孔，当圆盘转动时，种子从种子箱滚入圆盘的锥形孔上，压气喷嘴中吹出气流压在锥形孔上，被转动圆盘运送到下部投种口处，靠自重作用落入开沟器投入种沟。

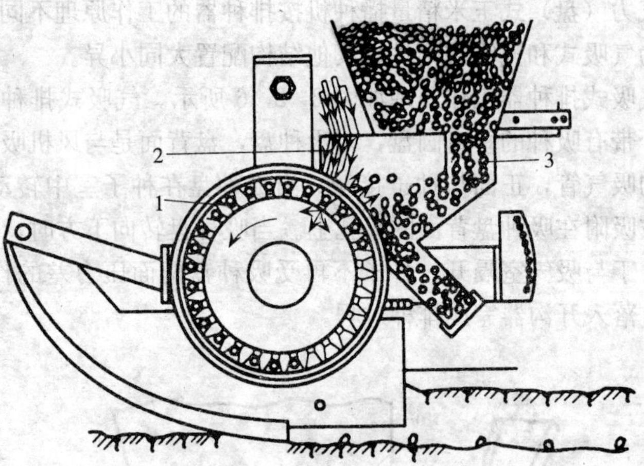

图 2-2-7　气吹式排种器工作原理图

1. 排种轮　2. 喷嘴　3. 种子

四、玉米免耕播种机械化技术

（一）玉米免耕播种机械化技术简介

玉米免耕播种机械化技术是指小麦收获后不经耕地，使用玉米播种机直接播种玉米的一项机械化技术，特点是播种前不耕整土地。玉米免耕播种机械化技术有直播、秸秆覆盖播种和套播三种方式。区别是：玉米免耕直播技术指的是在小麦收割后，割茬较低，无麦草覆盖的地里，使用玉米播种机播种玉米的一种作业方式。玉米免耕覆盖播种是指在小麦高留茬或麦草覆盖地里，使用免耕覆盖播种机播种玉米的一种作业方式。玉米套播技术是指在小麦收割前 7～15 天，使用单行玉米播种机在小麦预留套种行播种玉米的一种作业方式。玉米直播、免耕覆盖播种和套播由于地表条件不同，使用的播种机也有所不同。

玉米免耕播种机械化技术是保护性耕作技术的主要内容之

一，它的最大优点，一是在地里直接播种玉米，不耕整地，节省了农时和作业成本，满足了玉米生长对积温的要求，有利于后期灌浆和成熟；二是与人工播种相比，机械播种均匀、深浅一致，覆盖严密，保证密度；三是由于不耕地，可以减少土壤水分蒸发量，有利于保墒促全苗；四是由于有大量的农作物残茬和秸秆覆盖地表，有抑制杂草，减少水土流失，蓄水保墒，增加土壤肥力的作用。

（二）玉米免耕播种机械化技术要点

1. 玉米免耕直播和免耕覆盖播种机械化技术要点

（1）前茬的基础准备。免耕直播作业时，小麦留茬高度应不超过 20 厘米。免耕覆盖播种作业时，要求小麦在收获时尽可能使用带秸秆切碎装置的联合机收割，留茬高度不超过 20 厘米。对于小麦收获后秸秆未切碎抛撒且成条铺放的，播种前要使用秸秆还田机进行粉碎或用捡拾机转移，以利于播种机作业。同时，小麦畦式种植要兼顾玉米免耕播种作业幅宽，并做到畦面平整，以利于播种机作业和玉米出苗期及生长期浇水。土壤含水量 17%～19%时，出苗快，出苗率高。土壤墒情差时应浇水后播种，或播后浇水。

（2）良种的选用。夏玉米品种应选择生育期较短、抗逆性强的中早熟优质杂交种。种子应进行精选，纯度不低于 97%，发芽率不低于 85%，含水率不大于 13%。播种前应适时对所用种子进行包衣处理或药剂拌种，防止地下虫害和苗期病害的发生，以保全苗。各地多年的生产实践表明，玉米杂交优势在遗传增益中的作用占 25%～35%。近年来，一大批优良的玉米杂交品种在各地大面积推广种植，为夺得玉米稳产、高产创造了先决条件。

（3）播期的确定。夏玉米一般在 5 月底 6 月上旬播种，到 9 月底前收获，要求不能耽误小麦的播种期。采用玉米免耕直播和免耕覆盖播种方式的，播期一般应在 6 月上旬，小麦收获后及时播种。

(4) 播量的确定。播量应根据地力、品种而定，机械化播种一般每公顷在30～45千克。一般在水、肥、土条件较好的高产地块，使用紧凑型玉米品种，基本苗控制在每公顷6万～9万株；使用平展型玉米品种，基本苗控制在每公顷5万～7万株。在水、肥、土条件一般的中低产地块，使用紧凑型玉米品种，基本苗控制在每公顷5万～6万株；使用平展型玉米品种，基本苗控制在每公顷4.5万～5.5万株。

(5) 播深、行距、株距的确定。播种时播深应根据墒情而定，一般播种深度要求在5～6厘米。实施种植的行距，宽窄行一般为80厘米和40厘米，等行距种植的行距为60厘米。等行距种植有利于玉米联合收割机收获作业。播种行距和株距的确定，必须以保证玉米单位面积的成苗株数为前提，行距宽，株距密，一般株距要求在20～30厘米。

(6) 种肥的确定。种肥的合理配比和均匀施入是促进种子发育、培育壮苗，以最佳投入夺取高产的重要措施。根据各地经验，种肥的最佳配比和用量是：每公顷施磷酸二铵150～200千克，硫酸钾50～100千克；缺锌地块可在磷酸二铵上喷附硫酸锌，每公顷7.5千克。不提倡尿素做种肥。要使用带有施肥装置的播种机侧深位施种肥，防止烧种，深度一般在5～10厘米。

(7) 播种机的检查调整。播种前，应按照不同的作业方式选择机具，并根据产品使用说明书对玉米播种机的相关部位进行调整。使用拖拉机作动力的，检查调整三点液压悬挂在工作状态（液压手柄处于浮动位置）时机架应处于水平状态，液压悬挂机构应起落灵活、可靠，不符合要求的要进行调整，使其达到正常作业要求。

(8) 试播。播种前要进行试播。通过试播，检查、调整播深一致性和排种均匀性，播量、行距、株距等是否能满足农艺要求。不符合要求的要进行调整，使其达到农艺要求。

（9）播种机田间作业的正常操作。播种时，应保证机具匀速前进，严禁中途倒退或忽快忽慢，随时注意观察播种机各机构的工作状况，发现故障及时排除，保证作业质量。播种出苗后，要对苗情进行普查。发现有出苗不匀和缺苗断垄的，要及时进行间苗、补苗，以保全苗。

2. 玉米套播机械化技术要点

（1）前茬的基础准备。套播作业时，前茬作物（小麦）种植时要求预留种植行，预留行距一般为 30～53 厘米，以利于机具通过。套种行的宽度和行数必须保证小麦和玉米单位面积的成苗株数，不能因预留套种行而减产。土壤含水率不足14%的，要求浇小麦灌浆水，以保证在套播玉米时能够足墒下种。

（2）良种的选用。选择抗病和抗逆性强、生育期长的高产品种，合理密植。一般选用紧凑型或半紧凑型品种。播种前要对种子进行清选、拌农药和发芽试验。

（3）播期的确定。高产田一般选择在小麦收获前 7～10 天套种，中低产田一般在小麦收获前 10～15 天套种比较适宜，最长不超过 20 天。在 7～15 天的共生期内，玉米处于苗期 2～3 片叶子。

（4）播量的确定。播量应根据地力、品种而定，一般机械化套播每公顷 30～45 千克。地力、肥力较好的地块，播量应适当大一点。大穗（或平展型）品种应适当播稀一些，中穗（或紧凑型）品种应适当密一些。

（5）播深、行距的确定。一般开沟深度不小于 5 厘米，种子应播到距地表 3～5 厘米处，覆盖良好。墒情好的可适当浅播，墒情不好可适当深播。

（6）机具播种前的准备。播种前，应按照农艺要求选择机具，并根据产品使用说明书对玉米套播机的相关部位进行调整，并进行试播。通过试播，检查调整播深一致性和排种均匀性，播量、行距、株距等是否能满足农艺要求。不符合要求的要进行调整，使其达到正常作业要求。

（7）播种机性能应达到的要求。播种均匀性要求种子合格率在80%以上；种子破损率不大于1.5%；播种深度合格率不小于80%（理论深度±1厘米为合格深度）。

（8）播种机作业的正常操作。播种时，应保持机具匀速前进，随时注意观察播种机的排种和开沟覆土状况，发现故障及时排除。播种出苗后，要对苗情进行普查。发现有出苗不匀和缺苗断垄的，要及时进行人工间苗、补苗，以保全苗。

（三）玉米免耕播种机具介绍

目前在各地推广使用的玉米免耕播种机械按照播种条件不同可分为两大类，一类是直播（覆盖）播种机具，另一类是套播机具。

1. 玉米免耕直播（覆盖）播种机具 当前推广使用的玉米免耕直播（覆盖）播种机具种类较多，结构配置大同小异，按排种方式不同可分为水平圆盘式、外槽轮窝眼式、整体可调外槽轮式和气力式。

主要玉米免耕直播（覆盖）播种机介绍：

（1）2BY-3型水平圆盘式玉米免耕播种机。结构如图2-2-8所示。2BY-3型水平圆盘式玉米免耕播种机主要由悬挂机架1、种子箱2、水平圆盘式排种盘3、刮种器4、输种管5、伞齿轮传动机构6、U形螺栓7、开沟器8、地轮9、开沟铲10等部件组成。它的结构特点是在种子箱内的水平圆盘的圆周上设置有一周型孔，通过地轮和伞齿轮传动机构驱动水平圆盘实现充种，刮种器刮去型孔以外多余的种子，实现定量排种。优点是结构紧凑，传动可靠，播量和穴距大小可调，使用方便，适应性强。缺点是刮种器可靠性差，影响播种均匀性。

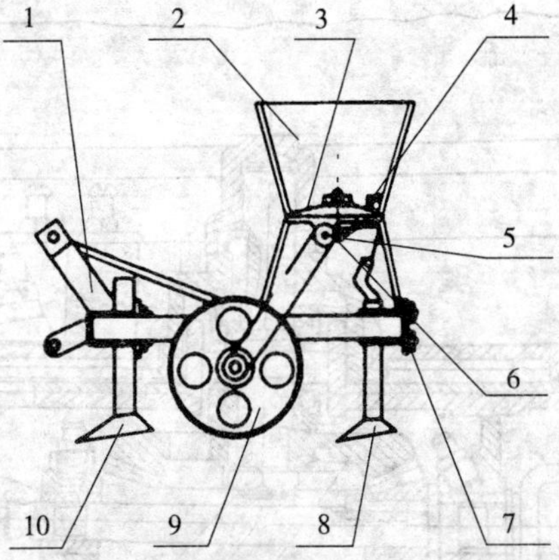

图 2-2-8　2BY-3 型水平圆盘式玉米免耕播种机结构示意图

1. 悬挂架　2. 种子箱　3. 水平圆盘式排种盘　4. 刮种器　5. 输种管　6. 伞齿轮传动结构　7. U 形螺栓　8. 开沟器　9. 地轮　10. 开沟器

工作原理：工作时，拖拉机连接悬挂架牵引播种机作业，地轮通过伞齿轮传动机构驱动圆盘水平旋转，种子经排种盘的型孔落入排种管，再经排种管落入种沟。在开沟铲和开沟器等部件的共同作用下，一次完成播种机的开沟、播种及覆土作业。

水平圆盘式排种器工作原理如图 2-2-9 所示。排种圆盘周边可以根据种子粒型制成不同的型孔，圆盘在地轮驱动下旋转，将充入型孔内的种子带至排种口排出，通过导种管播入土中。在排种管圆盘上方装有刮种器和推种器，前者将型孔上的多余种子刮去，后者将型孔内的种子推出落入排种口，完成排种过程。其优点是结构单一、工作可靠、均匀性好，但由于圆盘线速度的许用值较低，因而对高速播种的适应性较差。特别是在单粒精密播种时，对种子规格要求很严，种子必须严格按要求分级。因此，结合我国生产实际，有的地方对该排种器进行了改进，称为锥面型孔盘式排种器。

锥面型孔盘式排种器是在水平圆盘基础上的改进的一种新型

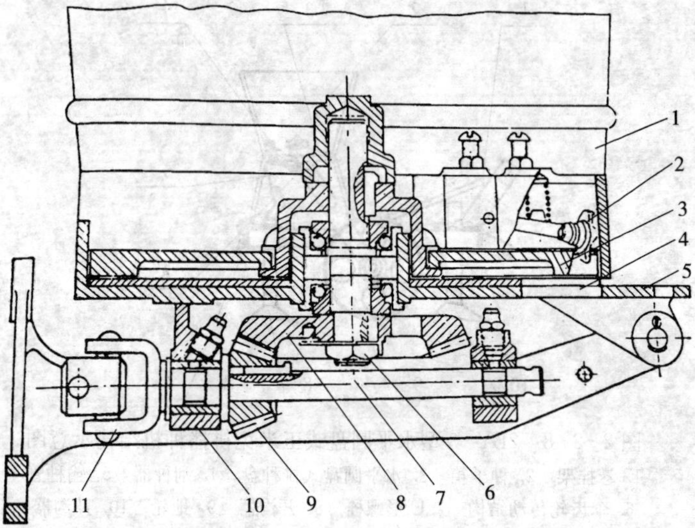

图 2-2-9　水平圆盘式排种器工作原理图

1. 种子筒　2. 推种器　3. 水平圆盘　4. 下种口　5. 底座　6. 排种立轴　7. 水平排种轴　8. 大椎齿轮　9. 小锥齿轮　10. 支架　11. 万向节轴

排种器，工作原理如图 2-2-10 所示。工作过程是种子在锥面型孔盘的旋转带动下，靠重力和离心力作用沿斜面下滑，充满圆周的平面环带，一部分进入型孔随圆盘转动，多余的种子被刮种器推下,沿输种管排出。该排种器设计了便于种子囊入的沿圆周切线方向排列与种子开头相似的长圆形型孔,型孔前臂设有引种倒角,以利种子顺利囊入;后壁设有退种倒角以利多余种子顺利退出;型孔向下呈喇叭状,以利种子在投种时顺利投落;型孔之间有导种槽连接,辅助种子囊入型孔。它装有垂直柱塞式投种轮,可以刮去型孔内多余种子,将型孔内种子推向排种口。投种轮采用弹性柱塞和自动旋转的柔性投种轮可以保持合适的压力,在旋转中击种,接触点适应性大,推种效果好,种子损伤率低,耐磨损,灵活可靠。

(2) 2BY-3 型单体外槽轮窝眼式玉米免耕播种机。结构如

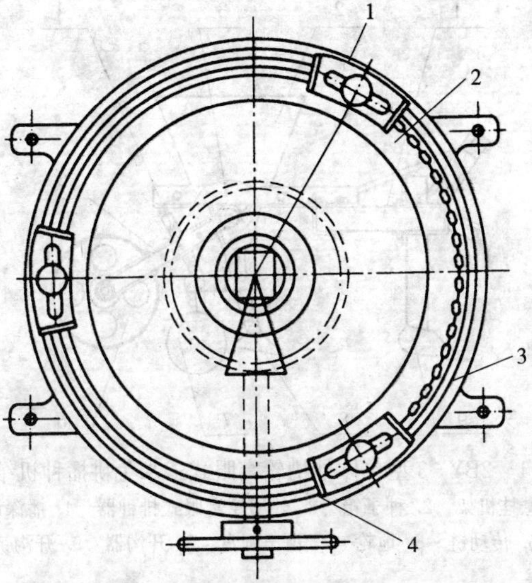

图 2-2-10　锥面型孔盘式排种器工作原理图

1. 投种器总成　2. 锥面型孔盘　3. 排种器底座　4. 投种孔盘

图 2-2-11 所示，2BY-3 型单体外槽轮窝眼式玉米免耕播种机主要由悬挂机架、种子箱、外槽轮窝眼式排种器、播深调整杆、传动链、地轮、覆土圆盘、开沟器、开沟铲等部件组成。它的结构特点是在通用机架上连接三组单体外槽轮窝眼式播种装置，在外槽轮表面设置与种子几何尺寸相仿的窝眼，通过地轮传动链驱动外槽轮窝眼式排种器排种。优点是仿形性好，播种比较均匀；行距能够任意组合和调整。由于使用了覆土圆盘，覆土效果较好。适用于小麦收获后免耕（覆盖）播种玉米和豆类。

工作原理：工作时，拖拉机连接悬挂架牵引播种机作业，地轮通过传动链带动单体外槽轮窝眼式排种器排种，在开沟器和覆土圆盘等部件的共同作用下，一次完成开沟、播种、覆土、镇压作业。

窝眼式排种器的工作原理如图 2-2-12 所示。其部件是一个绕水平轴旋转的窝眼轮，窝眼轮转动时，种子靠重力滚入型内，

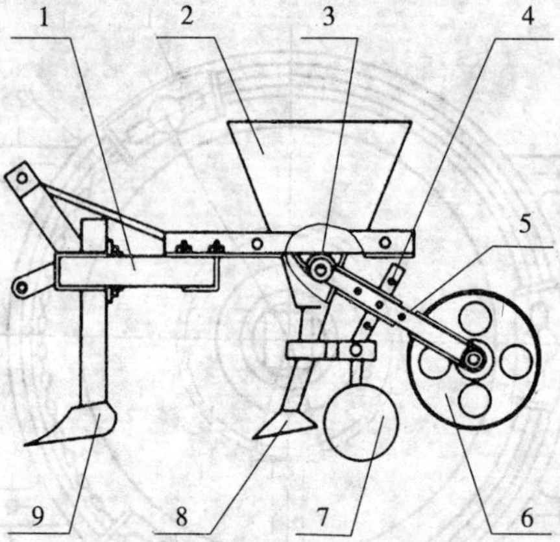

图 2-2-11　2BY-3 型单体外槽轮窝眼式玉米免耕播种机结构示意图

1. 悬挂机架　2. 种子箱　3. 外槽轮窝眼式排种器　4. 播深调整
5. 传动链　6. 地轮　7. 覆土圆盘　8. 开沟器　9. 开沟铲

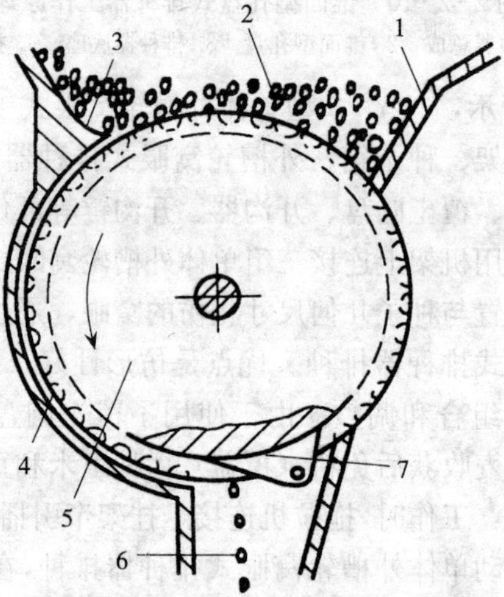

图 2-2-12　窝眼式排种器工作原理图

1. 种子箱　2. 种子　3. 刮种片　4. 护种板　5. 窝眼轮　6. 排种　7. 投种片

经刮种器刮去多余的种子后，窝眼内种子随窝眼沿护种板转到下方，靠重力下落或由推种器投入种沟。它适宜于播粒度均匀的种子，而以播球状种子效果最好。为便于充种，在型孔入口处开有倒角，大直径的窝眼轮可以降低播种高度，有利于提高播种的均匀性。可制作多个窝眼轮备用，也可将窝眼轮制成滑套式，滑套可轴向移动以调节窝眼轮横向大小，或在一个窝眼轮上制作大小不同的型孔，工作时将不需用的型孔盖住。

（3）2BY－3 型整体可调外槽轮式玉米免耕播种机。结构如

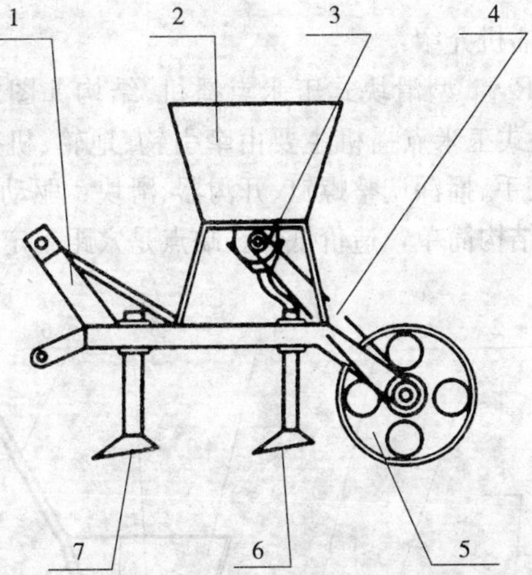

图 2－2－13　整体可调外槽轮式玉米免耕播种机

1. 悬挂机架　2. 种子箱　3. 整体可调外槽轮式排种装置　4. 传动链　5. 地轮　6. 开沟器　7. 开沟铲

图 2－2－13 所示。2BY－3 型整体可调外槽轮式玉米免耕播种机主要由悬挂机架、种子箱、整体可调外槽轮式排种装置、传动链、地轮、开沟器、开沟铲等部件组成。它的结构特点是改进普通外槽轮为牙嵌式可调外槽轮，通过地轮驱动可调外槽轮式排种装置实现排种。优点是能够随时整体调整播量，以适应不同种子的大小，适用于播种玉米、豆类。缺点是投种点较高，影响播种

均匀性。

工作原理：工作时，拖拉机连接悬挂架牵引播种机作业，地轮通过传动链带动排种装置排出种子，通过输种管和开沟器使种子着床，一次完成播种机的开沟和播种作业。

2. 玉米免耕套播机具 目前在各地推广使用的玉米免耕套播机由于是在麦垄里套播玉米，靠人力牵引，所以也叫做单行人力玉米点播机，是一种半机械化机具，结构形式大同小异，主要是排种方式有所不同，按排种原理可分为两种型式，即滑块式和水平圆盘式。

主要套播机介绍：

(1) 2BR-1型滑块式玉米点播机。结构如图2-2-14所示。2BR-1型滑块式玉米点播机主要由牵引钩、地轮、机架、种子箱、弹性刮种器、扶手、播深调整螺钉、开沟器、滑块、驱动连杆等部件组成。优点是结构简单，造价低廉。缺点是穴距一定，不能调整。

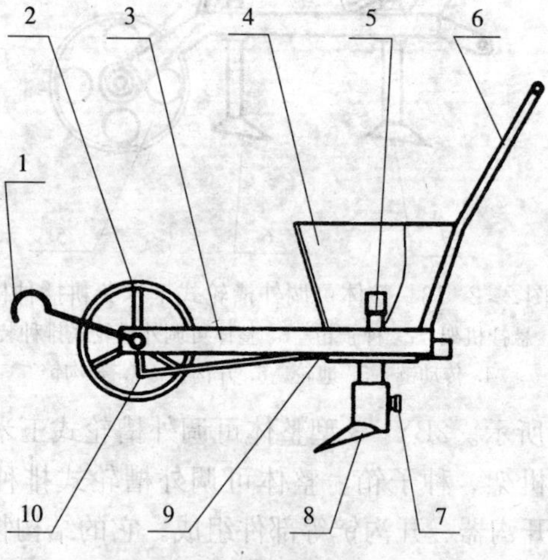

图2-2-14 2BR-1型滑块式玉米点播机结构示意图

1. 牵引钩 2. 地轮 3. 机架 4. 种子箱 5. 弹性刮种器 6. 扶手 7. 播深调整螺钉 8. 开沟器 9. 滑块 10. 驱动连杆

工作原理：工作时，一人在前方牵引机具，一人在后方手扶扶手作业。地轮转动时带动连杆滑块机构作往复运动，多余的种子在弹性刮种器的作用下被挡住，只有滑块上型孔内的种子排出，通过开沟器落入土壤，实现播种。

(2) 2BR-1型水平圆盘式玉米点播机。结构如图2-2-15所示。2BR-1型水平圆盘式玉米点播机主要由牵引钩、地轮、机架、种子箱、水平圆盘、扶手、刮种器、紧固螺钉、开沟器、伞齿轮传动机构等部件组成。优点是传动可靠，通过更换圆盘能调整穴距，适应性强。缺点是机械传动部分比较复杂，造价相对高些。

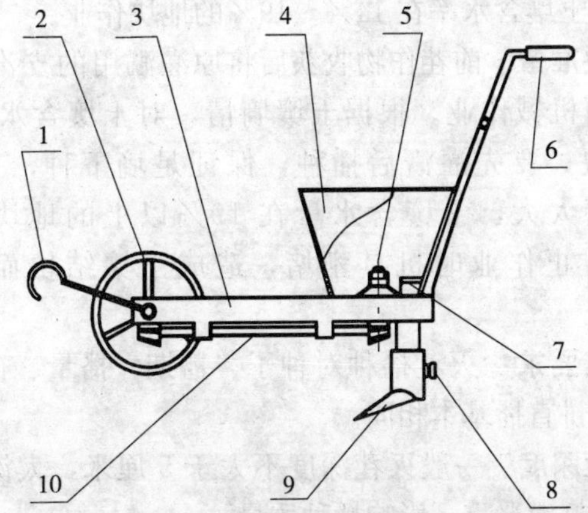

图2-2-15　2BR-1型水平圆盘式玉米点播机结构示意图
1. 牵引钩　2. 地轮　3. 机架　4. 种子箱　5. 水平圆盘
6. 扶手　7. 刮种器　8. 紧固螺钉　9. 开沟器　10. 伞齿轮传动机构

工作原理：工作时，一人在前方牵引机具，一人在后方手扶扶手作业。地轮驱动伞齿轮传动机构转动，并带动水平圆盘转动，种子就会在刮种器的作用下从水平圆盘的型孔中排出，通过开沟器落入土壤，完成播种。

五、玉米灭茬播种机械化技术

（一）玉米灭茬播种机械化技术简介

玉米灭茬播种机械化技术是指在土壤墒情适合的前提下，使用玉米旋耕播种机或灭茬播种机播种，一次完成灭茬、播种、覆土、镇压的一项技术。它的最大特点是播种的同时浅耕地表，省去了播后人工灭茬的繁重劳动，为玉米幼苗生长创造良好条件，作业效果好，在各地使用比较普遍。

（二）玉米灭茬播种机械化技术要点

1. 适应条件 玉米灭茬播种适宜土地平坦，麦茬高度在20厘米以下，土壤含水率在14%～19%的地块作业。

2. 地块准备 前茬作物收获后将原灌溉用的支沟进行适当平整，以便机械作业。根据土壤墒情，对土壤含水量在14%以下的地块，要先灌溉后播种，保证足墒下种，一播全苗；对土壤墒情太大，土壤含水量在19%以上的地块，要晾晒后播种，防止作业时机具壅堵，造成土壤结块而影响播种质量。

3. 农艺要求 灭茬播种对种子、播期、播量、行距、播深的要求与免耕直播基本相同。

4. 灭茬深度 一般灭茬深度不大于5厘米，太深工作阻力大，拖拉机打滑严重，影响播种质量。

5. 灭茬播种机的检查调整

（1）主要技术状态调整。①灭茬铲应完整不变形，铲刀锋利。旋耕机齐全，装配正确，固定牢固，无磨损严重，变形过大，损坏断裂现象。②灭茬铲安装后应前后水平，各行深度一致。③旋耕灭茬铲播种机万向节方轴一端夹叉开口应在同一平面内，如果装错，工作时振动大，易引起机件损坏。④排种装置转动正常，无卡死现象，刷种装置可靠。⑤旋耕播种机与拖拉机连接完毕后，提升旋耕机使刀片稍离地面低速试运转，确认运转正常后方可进行作业。

(2) 作业前调整。播种前要根据当地农业技术要求，调整播量、行距、灭茬深度、开沟深度等，使其达到正常作业要求。

6. 灭茬播种机性能应达到的要求　播种均匀性要求种子合格率在75%以上；种子破损率不大于1.5%；播种深度合格率不小于80%（理论播深±1厘米为合格深度），旋耕灭茬播种根茬粉碎率≥70%，碎土质量≥50%，作业后地表平整度≤5厘米；播种前，要按照产品使用说明书要求正确挂接和调整机具，并进行试播，使其达到正常作业要求。

（三）玉米灭茬播种机具介绍

1. 玉米灭茬播种机分类　目前在各地广泛使用的玉米灭茬播种机按灭茬方式不同分为双翼铲式和旋耕刀式两类。

2. 主要玉米灭茬播种机介绍

(1) 2BM-2（3）型双翼铲式玉米灭茬播种机。结构如图2-2-16所示。2BJM-2（3）型双翼铲式玉米灭茬播种机主要由悬挂机架、种子箱、排种装置、输种管、地轮、U形螺栓、开沟器、灭茬铲等部件组成。特点是在机架前面装有双翼式灭茬铲，种子箱和排种器为整体结构，使用双腔式外槽轮排种器，在播小粒和大粒种子时可以左右转换。优点是结构紧凑，传动可靠，可以灭茬，适应性强。该机不但能播种玉米，还可以播种豆类作物，一机多用，使用广泛。缺点是机具的仿形性较差，地表不平时影响播种均匀性。

工作原理：工作时，拖拉机连接悬挂架牵引播种机作业，排种装置在地轮的驱动下排种，种子通过输种管在开沟器底部着床，一次完成灭茬和开沟播种作业。

(2) 2BX-3（10）型旋耕播种机。结构如图2-2-17所示。2BX-3（10）型旋耕播种机实际上是由旋耕机和玉米播种机组

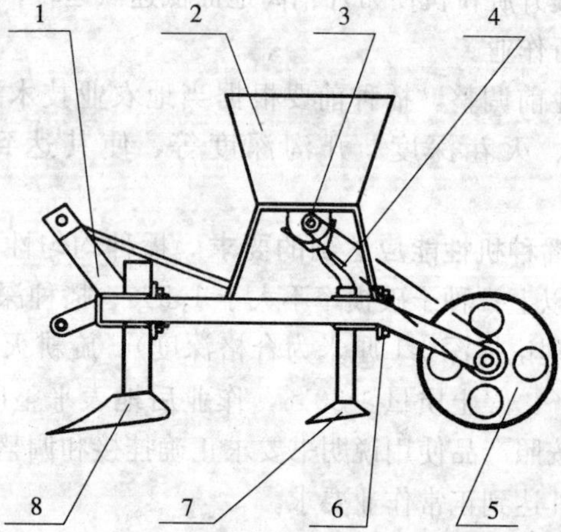

图 2-2-16　2BM-2（3）型双翼铲式玉米灭茬播种机结构示意图

1. 悬挂机架　2. 种子箱　3. 排种装置　4. 输种管
5. 地轮　6. U形螺栓　7. 开沟器　8. 灭茬铲

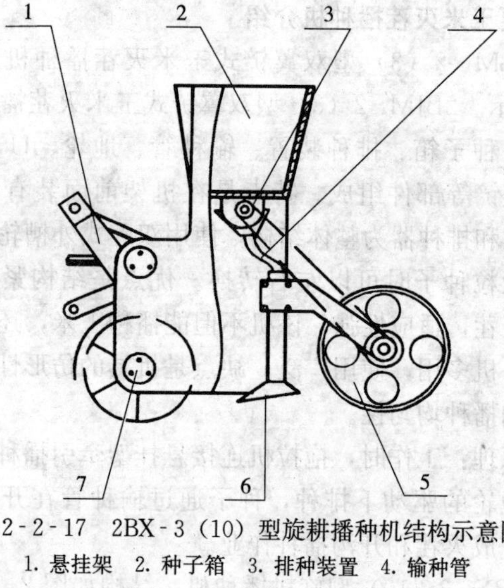

图 2-2-17　2BX-3（10）型旋耕播种机结构示意图

1. 悬挂架　2. 种子箱　3. 排种装置　4. 输种管
5. 地轮　6. 开沟器　7. 旋耕机

合而成，主要由悬挂机架、种子箱、排种装置、输种管、地轮、开沟器、旋耕机等部件组成。它的主要结构特点是在通用播种机前面加装有旋耕装置，用来旋耕土壤和灭茬。优点是结构紧凑，传动可靠，适应性强。行距能够任意组合和小范围调整。使用改进后的双腔外槽轮排种器，调整排种器上插板的左右位置，不但能播种玉米，还可以播种豆类和小麦，做到一机多用。缺点是机具的牵引阻力较大，重量大，造价高。由于排种器的投种点较高，影响播种均匀性。

工作原理：工作时，拖拉机连接悬挂机架，万向节连接拖拉机尾部的动力输出和旋耕播种机的变速箱，驱动旋耕刀切土灭茬。排种装置在地轮的驱动下排种，种子通过输种管，在开沟器底部着床，旋耕刀切碎的土壤覆盖种子，镇压辊进行镇压完成旋耕播种作业。

六、玉米地膜覆盖播种机械化技术

（一）玉米地膜覆盖播种机械化技术简介

玉米地膜覆盖播种机械化技术主要是在春玉米种植区，为了适时早播，争得农时，使用玉米地膜覆盖播种机械完成铺膜及播种玉米的一项机械化技术。特点是播种前需要耕整土地，播种后再铺膜或播种和铺膜同时完成，利用地膜提高地温，达到早播并取得高产。播种方法一般有两种：①先铺膜后播种。一般由机器分步完成。在常有春旱发生的地区，整地施肥后先盖膜，可提前十天左右盖膜，待播种适期一到，在膜面上用机器打孔播种（也可用人工点播器点播），然后适量浇水，用细土压好膜孔边沿。这种方法的好处是能提早增温、保水、提墒，减少土壤水分蒸发；不用放苗，节省用工，能保证全苗。缺点是用土压膜孔，不但减少采光面积，降低增温效果，而且遇雨土壤容易结壳，影响出苗。②先播种后铺膜。春雨早的地区，可采用先播种后铺膜，引苗出膜的方法。好处是能防止膜面土壤结壳，避免种子盘芽；工序少，整地、播种、盖膜连续作业，一次完成，适宜机械化作业；从盖膜到引苗出膜期间，膜面无土无孔，采光面大，有利于增温保墒；播种深度一致，出苗整齐，缺点是需要人工破膜放苗，用工比较集中，放苗不及时容易烧苗，造成缺株。

采用玉米地膜覆盖播种机械化技术的优点：一是可以选用生长期较长的高产玉米品种；二是具有明显的增温作用，能有效地利用太阳光；三是具有明显的保墒和抑制杂草的作用；四是能够高产，一般增产幅度在30%以上。该项技术比较适合在年积温比较偏低的西北地区和高寒山区种植春玉米时推广应用。

（二）玉米地膜覆盖播种机械化技术要点

1. 机械铺膜播种对地块的要求

（1）要尽量选择地块较长，地力中等以上的平地或5°～10°的缓坡地。陡坡地、沙地、礓石地等不宜选用。

（2）铺膜前要对农田土壤进行耕整，松土层要大于10厘米，土壤疏松细碎，无残茬，无坷垃及其他杂物，地面要平整，上虚下实。雨水较多易涝的或有灌溉条件的地区，以垄作较好，起垄高度在7～10厘米之间为宜，垄顶弓型；旱地以平播为好。

（3）要选择土壤墒情较好的农田。农艺上一般要求土壤含水量14%～19%时才能满足玉米种子发芽出苗的需要。低于此含水量，应造墒播种；高于此含水量，对玉米的发芽出苗不利，也不适合用机械播种，应凉墒后再播种。

（4）铺膜前应施足底肥。最好采取分层施肥法，先深施碳铵，再施有机肥，然后将磷钾肥撒在有机肥上面，最后封土掩盖。

2. 机械铺膜播种对种子的要求 由于地膜玉米加速了生育进程，一个地区在品种的选择上应掌握其生育期比当地露地玉米生育期长 10～15 天，所需积温多 150～300℃，植株叶片应多 1～2片叶的抗病、抗逆性强的高产品种。播种前要对种子进行清选、拌农药和发芽试验。要求种子纯度不低于 97%，种子发芽率在 85%以上。

3. 机械铺膜播种对地膜的要求

（1）地膜应是单幅成卷的，并有芯棒支撑。膜卷芯棒应坚实并有一定刚性的直通管，在膜卷内不应断裂，两端应整齐完好，相对膜卷侧端面的外伸量一般不应大于 3 厘米。膜卷应呈圆柱形，缠绕紧实均匀，卷内地膜不应有断裂、破损和皱褶，不应夹带料头和废物。膜卷外径一般应为 15～20 厘米。膜卷在芯棒上左右侧边应整齐，外串量不得大于 2 厘米。

（2）地膜幅宽应与农艺要求一致，一般应是覆盖土床面（埂、垄）宽度再加上 20～30 厘米。覆盖玉米的地膜以线型微膜为好，其厚度为 0.007 毫米±0.002 毫米，宽度一般为 70～80 厘米，密度每立方厘米重 0.92 克。

4. 机械铺膜播种前的准备

（1）确定播期。春玉米一般在 4 月 10 日至 20 日播种，到 8 月底前收获。地膜玉米的播种会比当地正常播期相对早一些，一般当地表土层温度达到 9～10℃时即可播种。

（2）确定播量、行距和播深。地膜玉米在种植上应因地制宜，合理密植。一般要遵循平展叶型品种宜稀，竖叶型品种宜密，薄地宜稀，肥地宜密的原则。地膜玉米一般 133 厘米一带，窄行 33～40 厘米，宽行 100～93 厘米，平均行距为 66.5 厘米。若玉米单产水平在 500～600 千克，平展型品种株距 28～26 厘米，每亩株数3 500～3 800株；竖叶型品种株距 26～24 厘米，每亩株数3 750～4 200株。若玉米单产水平在 600～700 千克，平展型品种株距 26～25 厘米，每亩株数3 800～4 000株；竖叶型品种株距 24～22 厘米，每亩株数4 200～4 500株。对先播种后盖膜的，播深 4 厘米为宜，深浅要一致；对先盖膜后打孔播种的，一般播深 4～5 厘米，膜孔直径 2～3 厘米。

（3）地膜覆盖播种机的选用。若采用先铺膜后播种方法，选用的播种机一定要与铺膜机工作幅宽相配套，最好使用一台机器来分步完成。采用先播种后铺膜方法即播种、铺膜作业一次完成的，首先要检查铺膜播种机各工作部位及装置是否配备齐全，有无结构上的缺陷，运动件是否灵活可靠，整机是否处于正常状态。其次，准备好技术状态良好的拖拉机，调整好拖拉机的轮距。第三，操作机手、驾驶员和辅助人员均应进行机械铺膜基本知识和机器操作及调整的培训。第四，机具使用应按农艺要求和使用说明书进行正确安装、调整。铺膜中心线应与牵引的动力中心线重合，开沟器，压膜轮，覆土器等均应调整对称。两开沟器的开沟深度及角度应调整一致，内侧距离应小于所铺地膜宽 25 厘米左右。两压膜轮的压力要调整一致，间距与两开沟器间距相适应，压膜轮外缘与地膜边缘对齐。两覆土器的深浅、角度的调整可根据土质、风力而定。如沙壤土、风力较大，可深些，角度大些；风力较小，可减少覆土量，以增大采光面。调整后要实地试播，确实达到要求再投入使用。

（三）玉米地膜覆盖播种机具介绍

目前，各地使用的机具主要有铺膜机和铺膜点播机两种：

1. 3DF-1.2 型玉米铺膜机　结构如图 2-2-18 所示。3DF-1.2 型玉米铺膜机主要由悬挂机架、副纵梁、挂膜轮、压膜轮总成、覆土圆盘、铺膜辊、开沟铲、限深轮等部件组成。优点是结构简单，使用方便，故障率低，铺膜质量好，用途广泛，不但可以用于玉米铺膜，还可用于棉花、烟叶等作物的铺膜。缺点是功能单一，只能铺膜，铺膜后需要人工放苗。

工作原理：工作时，由拖拉机挂接悬挂机架前进，开沟铲开沟整形，铺膜装置将地膜展开后铺在地表，压膜轮总成在铺平的地膜两侧滚动压膜，随后在覆土圆盘的作用下将地膜两边封土并完成全部作业过程。

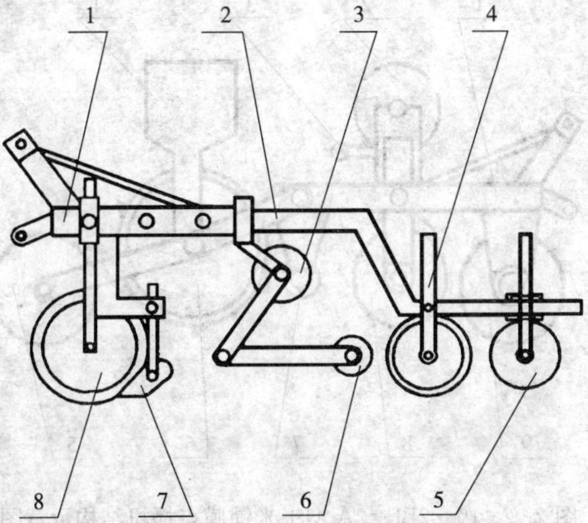

图 2-2-18　3DF-1.2 型玉米铺膜机结构示意图
1. 悬挂机架　2. 副纵梁　3. 挂膜轮　4. 压膜轮总成
5. 覆土圆盘　6. 铺膜辊　7. 开沟器　8. 限深轮

2. 2BP-2A 型玉米铺膜点播机　结构如图 2-2-19 所示。2BP-2A 型玉米铺膜点播机主要由悬挂机架、膜卷、张紧辊、种子箱、地轮、鸭嘴式滚筒点播器、铺膜辊、镇压辊、开沟圆盘等部件组成。优点是铺膜、播种和打孔放苗等工序一次完成，铺膜质量好，工作效率高。缺点是机具的结构比较复杂，故障率高，牵引阻力较大，造价较高。

工作原理：工作时，由拖拉机挂接悬挂机架前进，开沟圆盘开沟整形，铺膜装置将地膜展开后铺在地表，鸭嘴式滚筒点播器在铺平的地膜上打孔播种，随后在覆土圆盘的作用下将地膜两边封土，一次完成铺膜、播种和打孔放苗等工序。

表 2-2-2、表 2-2-3 是各种玉米播种机和玉米铺膜播种机的主要技术参数。

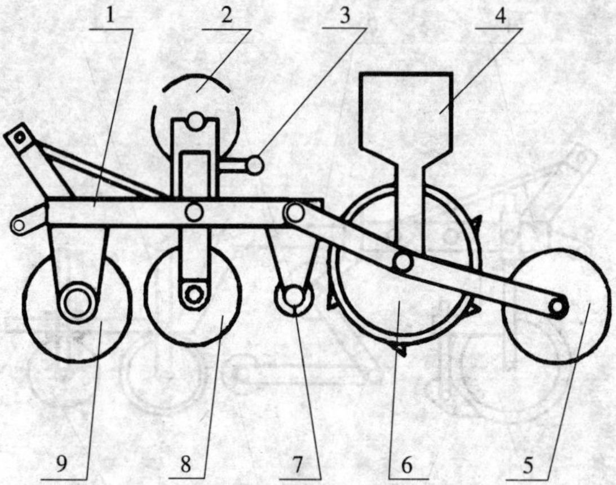

图 2-2-19　2BP-2A 型玉米铺膜点播机结构示意图
1. 悬挂架　2. 膜卷　3. 张紧辊　4. 种子箱　5. 覆土圆盘
6. 鸭嘴式滚筒点播器　7. 铺膜辊　8. 镇压辊　9. 开沟圆盘

表 2-2-2　玉米播种机主要技术参数一览表

参数＼型号名称	2BY-3 型水平圆盘式玉米播种机	2BY-3 型外槽轮窝眼式玉米播种机	2BY-3 型可调型孔轮式玉米播种机	2BY-3 型仓转式玉米精少量播种机	2BQ-4 型气吸式精密播种机
外型尺寸（长×宽×高）（毫米）	1 000×1 300×750	1 200×1 300×750	1 000×1 300×750	1 200×1 300×750	1 600×2 500×1 100
作业行数	3	3	3	3	4
基本行距（毫米）	400～600	400～600	400～600	400～600	500～700
播种深度（毫米）	20～80	20～80	20～80	20～80	20～80
排种器型式	水平圆盘式	窝眼槽式	可调型孔式	仓转式	垂直盘气吸式

（续）

参数＼型号名称	2BY-3型水平圆盘式玉米播种机	2BY-3型外槽轮窝眼式玉米播种机	2BY-3型可调型孔轮式玉米播种机	2BY-3型仓转式玉米精少量播种机	2BQ-4型气吸式精密播种机
理论穴距（毫米）	200～250	200～250	200～250	200～250	22～322
亩播量（千克）	2.5～3.5	2.5～3.5	3.0～4.0	2.5～3.5	2.5～3.0
开沟器型式	箭铲式	箭铲式	箭铲式	箭铲式	划刀式
配套动力（千瓦）	11～18	11～18	11～18	11～18	36.7～58.8
生产效率（亩/小时）	5～8	5～8	5～8	5～8	10～16
重量（千克）	320	350	320	350	480

参数＼型号名称	2BR-1型滑块式玉米点播机	2BR-1型水平圆盘式点播机	2BM-2(3)型玉米灭茬播种机	2BX-3(10)型旋耕播种机	
外型尺寸（长×宽×高）（毫米）	800×200×900	800×250×900	1 000×1 100×700	1 000×1 900×750	
作业行数	1	1	2	3	
基本行距（毫米）	400～600	400～600	400～600	400～600	
播种深度（毫米）	20～80	20～80	20～80	20～80	
排种器型式	滑块式	水平圆盘式	双腔外槽轮式	双腔外槽轮式	
理论穴距（毫米）	200～250	200～250	200～250	200～250	
亩播量（千克）	2.5～3.5	2.5～3.5	3.0～4.0	3.0～4.0	

（续）

型号名称 / 参数	2BR-1型滑块式玉米点播机	2BR-1型水平圆盘式点播机	2BM-2（3）型玉米灭茬播种机	2BX-3（10）型旋耕播种机	
开沟器型式	箭铲式	箭铲式	箭铲式	箭铲式	
配套动力（千瓦）	人力	人力	11～18	37以上	
生产效率（亩/小时）	1～2	1～2	5～8	5～8	
重量（千克）	20	25	280	420	

表2-2-3　玉米铺膜播种机主要技术参数一览表

型号及名称 / 参数	3DF-1.2型玉米铺膜机	2BP-2A型玉米铺膜点播机
外型尺寸（长×宽×高）（毫米）	1 530×1 530×720	1 700×1 100×950
适用膜宽（毫米）	900～1 200	900～1 200
作业行数		2
基本行距（毫米）		400～600
播种深度（毫米）		30～50
排种器型式		滚筒式
播种穴距（毫米）		200
亩播量（千克）		3.0
开沟器型式	铧式	圆盘式
配套动力（千瓦）	8～11	11～18
生产效率（亩/小时）	3～5	2～3
重量（千克）	120	150

第三节　玉米田间管理机械化技术

玉米田间管理包括间苗、补苗、田间中耕、追肥、除草、行间深松、施药防治病虫草害、灌溉、排涝等作业环节，既可单独进行，也可联合作业。

新中国成立初期玉米田间管理手段比较落后。20 世纪 80 年代前，田间追肥主要用液体（氨水）追肥机，随着化肥的普及应用，使用化肥追施耧进行追施肥作业。由于玉米生长期间机械进地困难，机动追肥机械很少应用。农药使用较少，施药机械主要是手摇背负式喷雾器和手摇背负式喷粉器，用于喷施液态农药和粉状农药，60 年代以后开始使用担架式机动喷雾机，80 年代后多种型式的植保机械被广泛应用，以东方红-18 为代表机型的机动弥雾喷粉机被大量应用，不同型号的牵引式吊杆喷雾机在部分地区示范推广。灌溉一般由人挑肩抬作业，条件较好的地方用畜力水车，后来逐步采用小型抽水机从水源抽水，大都实行田间自流灌溉，为节省用水，许多农民采用软管输水并手持软管在田间喷洒，这种方式尤其在我国北方旱地多见应用。20 世纪 80 年代前后出现了喷灌技术和设备，在经济发达地区得到应用。

目前，我国玉米生产中田间管理的大部分作业环节已基本实现了机械化，尚有间苗、补苗结合锄草等环节仍以人工作业为主。

一、中耕追肥作业

中耕作业主要指玉米生长期间除草、松土、破表土板结、培土起垄或与上列作业同时进行的追肥。追肥的施用应按当地农时来进行，一般分中耕追肥，施拔节肥、孕穗肥等，必要的话，还要依据作物长势施叶面肥料。

中耕作业的作用主要是有效改善土壤物理性状，使土壤疏松，增强通气性，提高表层地温；切断土壤毛细管，减少土壤下层水分的蒸发，蓄水保墒防旱；当土壤湿度过大时，可加速表层土壤水分的蒸发，晾墒以调节土壤水分；改善土壤生化状态，增强好气性微生物活动，加速土壤腐殖质的矿化分解，提高土壤肥力，利于作物根系吸收；消灭杂草，抑制虫害，为作物生长发育创造良好条件。追肥能促进玉米后期生长发育及提高产量。

（一）中耕作业的农艺技术要求

基本要求是锄净杂草、松土并施化肥。中耕后土壤疏松而不粉碎，不翻乱土层，土表平整以减少土壤水分蒸发；培土起垄后，垄形规整，沟底留有落土，避免机械伤苗，每遍伤苗、压苗率不超过1%；追肥以垄沟施肥为主，与中耕作业同步进行，做到深趟沟，浅覆土，多回土。化肥施在垄沟表土下8～12厘米深处，覆土厚度不少于8厘米，与苗距离10厘米以上。

（二）中耕机械的种类

适用于玉米种植的中耕机械按拖拉机挂接方式划分，有牵引式和悬挂式；按作业类型划分，有全幅中耕机、行间中耕（追肥）机、通用中耕机等；按工作部件型式划分，有铲式中耕（追肥）机、旋转式中耕（追肥）机、杆式中耕机等；按作业行数分，有二行、四行、六行、八行、十二、十三、十四、十五、十六行等。

1. 全幅中耕机 牵引式全幅中耕机多为大型宽幅中耕机，由3组件或5组件结合而成。机架采用液压折叠，便于运输。

各类型悬挂式全幅中耕机的结构基本相同，比牵引式结构简单。这类中耕机不翻耕表土，将铲除的杂草和作物的残茎落叶覆盖于地表，可防止水分蒸发和水土流失。

2. 通用中耕机 这种机型既可用于全幅中耕也可用于行间中耕及横向株间中耕作业，故称通用中耕机。例如，国产ZW-4.2牵引式通用中耕机是应用较广的一种，由机架、地轮、操向机构、起落机构及锄铲组等部分组成（图2-3-1），工作部件包括单翼铲、双翼铲和凿形松土铲 3 种。锄铲组铰接在机架横梁上，可适应地形。全幅中耕时，工作幅宽可达 4.5 米，耕深可在 6～16 厘米范围内调节。

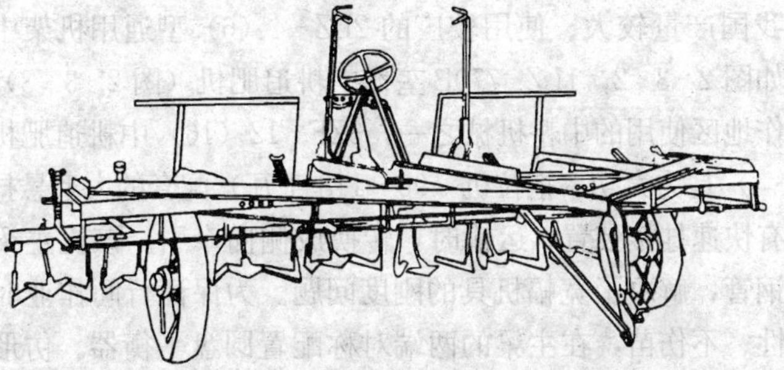

图 2-3-1　ZW-4.2 牵引式通用中耕机

行间中耕时，行距可调整为 45 厘米、60 厘米、65 厘米、70 厘米，并可调整为 51 厘米＋15 厘米不等行距进行作物行间中耕，又可按 41 厘米的铲苗段及 24 厘米留苗段进行行间苗作业。

3. 行间中耕追肥机　行间中耕追肥机的结构特点是可根据机架宽度按不同作业需要配置各种工作部件，或将有关工作部件安装在通用机架上。

行间中耕追肥机按机架高度的不同，有低秆作物和高秆作物中耕机之分。根据工作部件的特点又可分为直线运动的铲式和旋转式行间中耕机。

行间中耕机多为悬挂式，有拖拉机前悬挂、后悬挂和轴间悬挂 3 种。目前我国广泛应用的是后悬挂式行间中耕追肥机。

这类行间中耕追肥机结构简单，节约钢材，转向灵活方便，对行距适应性良好，可减少伤苗率。其种类较多，结构大致相同，一般由单梁、悬挂架、支持轮、锄铲组、追肥机构和液压升降机构等组成。锄铲组多采用四连杆仿形机构，以保持入土稳定性。根据不同行距和作业要求，轮距应能调整，土壤工作部件可配置单翼铲、双翼铲、松土铲、施肥开沟器或培土器。有些用于窄行距的中耕机设有操向装置，可减少护苗带宽度。一般悬挂式行间中耕机不仅可用于玉米的行间松土、锄草，更换工作部件后，还可进行深中耕、培土、开灌溉沟和追施化肥等作业。

我国产量较大、使用较广的 2BZ-4（6）型通用机架中耕追肥机如图 2-3-2，1LZ-770B 垄作中耕追肥机（图 2-3-3）是东北垄作地区使用的中耕机械之一，3ZF-12（16）中耕追肥机（图 2-3-4）是为大功率拖拉机（96～118 千瓦）配套的大型悬挂式机具，有快速挂接装置，运输时，转换成侧向牵引。该机主梁采用异型钢管，解决了宽幅机具的刚度问题。为保证行间作业时横向稳定性、不伤苗，在主梁的两端对称配置圆盘平衡器。仿形机构上拉杆设有独特的偏心套，可微调其长度，使土壤工作部件呈水平状态。该型机具宽幅、高效，适用于新疆、东北大地块作业。

排肥器均为外槽轮式，以排施颗粒或晶状化肥为主，具有结构简单，质量轻，排肥量控制准确，调整容易，性能可靠，故障少的特点。随着种地习惯的改变，加之近年来生物肥、有机肥的应用使施肥量加大，每公顷最多可施有机颗粒肥 750 千克，这样就出现了大排肥量排肥器。排肥开沟器目前以窄幅锄铲式居多，主要特点是开沟窄，工作阻力小。

几种中耕追肥机主要技术规格见表 2-3-1。

图 2-3-2　2BZ-4（6）型通用机架中耕追肥机

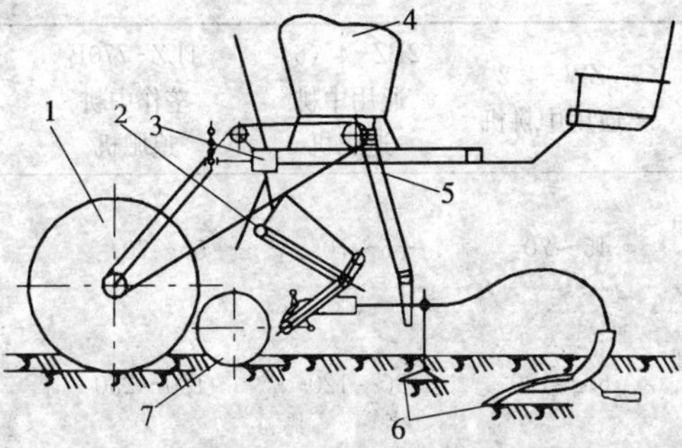

图 2-3-3　1LZ-770B 垄作中耕追肥机

1. 地轮　2. 多杆双自由度仿形机构　3. 机架　4. 肥箱
5. 输肥管　6. 工作部件　7. 仿形轮

图 2-3-4　3ZF-12（16）中耕追肥机

表 2-3-1　几种中耕追肥机产品主要技术规格

型号名称	ZW-4.2 通用中耕机	2BZ-4（6） 通用中耕 追肥机	1LZ-770B 垄作中耕 追肥机	3ZF-12（16） 中耕追肥机
外形尺寸（毫米）（长×宽×高）	4 000 ×4 500×1 290	1 500 ×2 950（4 350）×1 400	2 050×4 850×1 350	2 050×9 770×1 760
结构质量（千克）	900	390，415	985	1 661
作业行数	6	4，6	6	12～16
最大工作幅宽（米）	4.2～4.5	2.8，4.2	4.2	9.77

（续）

型号名称	ZW-4.2 通用中耕机	2BZ-4（6）通用中耕追肥机	1LZ-770B 垄作中耕追肥机	3ZF-12（16）中耕追肥机
适应行距（厘米）	45～70	55～70	55～70	50～76
工作深度（毫米）	60～100	30～120	180～250	30～180
排肥器制式		振动式	大外槽轮	外槽轮式
配套动力（千瓦）	40	18～32，32～47	55～60	96～118
备注	牵引式			运输时侧向牵引

4. 驱动旋转式行间中耕追肥机　简称旋转中耕机，其工作部件由拖拉机动力输出轴驱动，耕深为8～12厘米，主要特点是碎土性能好，灭草率高，耕后地表平整。适用于黏重土壤、灌溉后板结地、过湿或过干、杂草过多的田间。除用于中耕作物行间中耕外，还可用于间套作田间破麦茬或进行绿肥埋青作业。

旋转中耕机按其总体配置可分为通轴式和分组式；按其工作部件配置分为立式或卧式；按其工作部件旋转方向分为正转和反转。但大部分旋转中耕机产品是分组、卧式、正转的。

分组式旋转中耕机可根据农艺要求和所配套的不同型号拖拉机特点，选择不同的高度来适应高秆作物中、后期的中耕需要。

分组式按中间传动箱的位置不同又分为侧边传动和中间传动2种。中间传动方式按解决传动箱下方漏耕的措施不同，又可分为附加松土铲和斜传动刀盘2种方式。

旋转中耕机与拖拉机的连接方式有悬挂式和牵引式2种，以悬挂式为多。我国研制的3ZX-2、3ZX-3、3ZX-3B、3ZX-5系列产品如图2-3-5所示。由机架、支持轮、变速箱、传动轴、护罩、中间传动箱、肥箱、旋转刀辊、钢球式斜传动刀盘除漏耕装置等组成。

图2-3-5 3ZX-5旋转中耕追肥机

国外的旋转中耕机产品较丰富。美国有8家公司制造30多种旋转中耕机，其中如M-100、M-130是悬挂牵引通用型；意大利有14家公司生产，有窄系列、中系列、宽系列和特宽系列，类型很多；俄罗斯制造的旋转中耕机可分轻型和中型2种；日本松山株式会社制造的RK系列旋转中耕机有3种机型，用于中耕、培土、作畦，并备有3种长度刀轴，采取增减刀齿的方法调节行距。

（三）中耕机械的使用技术

中耕作业的目的是疏松土壤、消除杂草。根据不同用途配装不同部件，以完成除草、起垄、深松、施肥等作业。

在中耕第一遍时要调整好行距以免伤苗，由于此时玉米苗弱小，作业速度要慢些。对于土壤较硬的地块，在犁铧前部应加松土铲。第一遍中耕深度要在15厘米以上，为以后中耕打下基础。

中耕追肥作业一般是在中耕第三遍时进行垄沟追肥，要将施肥铲调整到正对垄台或苗眼位置，将施肥管放在中耕铧的后部，让肥料流入垄沟底部。追肥深度靠回土量决定，一般回土量要达到 8～10 厘米，时机上要选择在雨前或土壤湿度适中的情况下进行。

二、夏玉米行间深松覆盖作业

夏玉米行间深松覆盖技术可划归机械化保护性耕作，是在夏玉米长至 5～7 片叶子时，使用深松机在其行间进行 25～30 厘米深的松土，也可随时进行 10 厘米深施肥，然后对深松区进行地表镇压和抛撒麦秸秆覆盖的农艺措施，用以提高土壤的蓄水保水能力，形成“地下水库”，以满足玉米生长期对水分的需要。其特点，一是深松后土层不翻乱，土壤孔隙度增大，容重减小，从而提高了土壤的蓄水能力，减少地表径流。同时，深松能打破犁底层，不仅有利于积蓄雨季丰富的降水，而且有利于作物根系深层发育。深松作业只对玉米两侧的土壤进行疏松，玉米根系下部则保留未动，形成虚实并存的耕层结构，有利于蓄水提墒和促使玉米根系向纵深方向发育。二是在深松的同时，把肥料施放于土层 10 厘米深处，既可防止肥效的挥发损失，又防止肥分随水分流失，提高了肥效。三是覆盖麦秸秆后避免了雨水直接冲刷地表，减少了地表径流的发生，减少水分蒸发，保持了土壤表层疏松，避免了土层板结。四是夏季高温多雨天气，使得覆盖的秸秆很快腐烂分解，增加土壤有机质，土壤肥力得到增强，而且释放出二氧化碳气体，增大了田间二氧化碳浓度，提高了玉米光合作用强度。五是秸秆覆盖还可以抑制田间杂草的生长，由于秸秆覆盖均匀，厚度达 3～5 厘米，可有效避免阳光照射地面，抑制杂草生长，避免杂草与玉米争夺养分和水分，同时也为将来秋种创造良好底墒。六是深松作业不打乱土层，深松机具较铧式犁翻耕作业时的牵引阻力小 40%，节省动力和油耗。经山东省多点试验结果表明，应用保护性耕作技术与沿用传统耕作技术相比，夏玉米增产达 24.6%，冬小麦增产 19.1%。

通常采用拖拉机牵引或悬挂深松机进行作业。选用单柱式深松机，如 1LSZ-2 型深松机、1SF-2 型施肥镇压深松机、1SZ-360 型振动深松机、1S-5 型深松机等。

作业技术要点：

（1）深松时机最好为玉米苗期 5～6 叶片时，并赶在伏雨来临之前进行。对密植矮秆的玉米品种，其深松时机也不要超过 7 个叶片。因为过早易动土埋苗，过迟则伤根造成后期发育不良而减产。

（2）深松间距应与当地玉米种植行距相同，60～90 厘米。

（3）深松后随即进行镇压和秸秆覆盖，以保墒和抑制杂草滋生。镇压强度在 350～450 千克力/厘米^2。秸秆覆盖厚度 3～5 厘米之间。

（4）第二年免耕播种要错行，作物和行间深松相对于前一年移位，使土壤虚实状态轮流变化，各处的养分能充分为作物所吸收。

三、植物保护作业

植物保护作业是保障玉米丰产丰收的重要措施之一，目前在玉米生产中常采用的植保措施主要包括生物防治法、化学防治法、物理防治法、机械防治法等，即赤眼蜂、性诱剂、高压汞灯、药剂封垛等方法，效果很好，且污染小，已在较大范围推广，但这些技术多半需要有专业人员指导操作，且要连片大面积同时作业，时机要求较强。防重于治，要把病虫草害消灭在危害之前，不使其成灾。植物保护机械简称植保机械，主要用于喷施杀虫剂以防治作物虫害，喷施杀菌剂以防治作物病害，喷施化学除草剂以防治杂草，喷施植物生长调节剂促进果实生长或防止果实脱落，喷施液态肥料对作物进行叶面追肥，喷施落叶剂以便于机械收获等。

玉米虫害一般有玉米螟、蚜虫、黏虫、红蜘蛛等，多发生在干旱高温期，一经发现应及时防治。玉米螟可通过释放赤眼锋、喷施白僵菌活孢子或心叶点放辛硫磷、BT颗粒剂等方法防治。玉米蚜虫大量聚集在上部叶片和天穗、花丝处并排出蜜露，用40％乐果乳油5 000倍液30千克或20％抗蚜威10克兑水15L，喷雾防治。一般使用高效、中毒、低残留、击退速度快的广谱类杀虫剂，如太灵50％乳油，对以上各种害虫均有明显效果，施药剂量2 500～3 000倍，每亩药剂成本只需1～1.5元。

玉米病害主要有玉米丝黑锈病、玉米黑粉病、玉米矮花叶病、大斑病、小斑病、褐斑病、纹枯病和病毒病等，应在病发初期喷施杀菌剂防治，对病毒性病害则要消灭传病媒介虫源。防治玉米丝黑穗病应在雄穗抽出前后，根据剑叶症状及时拔除病株集中烧毁；种植时应选用抗病品种和淘汰感病品种。防治玉米黑粉病应在病瘤成熟破裂前及早摘除销毁、减少田间传播危害；消灭初侵染菌源，玉米收割后、秸秆还田前，专人清除遗留在田间的病株残体，减少越冬菌源。玉米病株秸秆不要在田边地头堆放。作堆肥时要经过堆沤发酵。另外，要选用抗病性好的玉米品种种植。

玉米生长到7～8月时，进入需水、需养分高峰期。在天气高温干旱时叶面喷施玉米生长需要的各种微量元素，如农家宝、中华大肥王、黄叶灵、活性锌、活性铁等微肥，有突出明显的抗旱、抗病、增产效果。有条件的地区可根据不同微肥的使用说明进行喷施。

1. 东方红-18型背负式弥雾喷粉机 这是国产小型机动植保

机械中生产历史长，批量大，应用广泛的机型（图2-3-6）。自带动力和风机，可进行弥雾、喷粉等项作业。消耗动力小，机动性好，生产率高，适用性广。国内同类产品有风雷-Ⅰ型、风雷-Ⅱ型、蜻蜓-2.6型、啄木鸟-2型、3MF-3型和3MF-4型等。

图2-3-6　东方红-18型背负式弥雾喷粉机

2. 泰山牌3WF-2.6背负式机动喷雾喷粉机　这是农业部南京农业机械化研究所、临沂农业药械厂、中国农业机械化研究院于20世纪90年代在原泰山牌3WF-3型背负机的基础上研制成功的我国新一代背负式喷雾喷粉机（图2-3-7）。其主要特点是风机效率高，风压、风量及整

图2-3-7　3WF-2.6背负式机动喷雾喷粉机

机噪声、射程等性能指标优于日本同年代同类产品，且机具功率大，功率调节范围宽。

3. WFB-18A2C 型背负式超低量弥雾喷粉机 超低量弥雾技术具有以下优点：自带动力和风机，能将细微雾滴吹送至远处分布，可喷施高浓度油剂农药而不用水，节约农药，提高了农药利用率，防治效果好，成本费用低，适应性广，减少了环境污染，劳动强度低，工作安全可靠。该机具还有震动小、噪声低的特点。这种机具能进行超低量弥雾、喷粉、喷施颗粒农药、化肥，并能撒播小颗粒草籽等。适合山区、干旱地区使用。药箱容量 11 升，净重 14.5 千克，生产率 3.3～6公顷/小时。

超低量喷雾器主要用于玉米生长后期防虫、防病、叶面追肥、植物激素等药液的喷洒。

4. W-ZHB-400 型植保喷雾机 这是为小四轮拖拉机配套的机具，能喷射各种激素，液态肥、乳剂、乳油、胶悬剂、可湿性粉剂、除草剂。结构简单，操作方便，可以多行作业，宽度可调，适用于全面喷洒，苗带喷洒，进行播前、苗前土壤处理和灭草及病虫害防治。喷幅宽 6 米，采用刚玉瓷狭缝式喷嘴、ZMB80 隔膜泵，班次生产率大于 26 公顷。国内同类产品有 3WX 系列高效机动喷雾机。与小四轮配套的喷杆式喷药机主要用于喷洒除草剂，苗期喷洒防虫、防病药剂。

5. 大中功率拖拉机牵引或悬挂式喷雾喷粉机 配备有高压液泵和风机，由拖拉机动力输出轴驱动，具有长喷杆、吊挂喷杆、薄膜喷粉管以及果园喷枪等喷洒部件，可以进行液态农药、除草剂喷洒作业，也可喷施可湿性粉剂。适用于旱地大田作物及果树病虫草害防治。国内老产品有 WU-12 悬挂式喷雾机、3W-650 型喷雾机、3W-2000 型牵引式喷雾机、3WM-10-650 型悬挂式喷雾机等。国内新产品有 24 米风幕式大型喷杆喷雾机，大田风幕式防飘喷杆喷雾机、3WD-800型风送式多功能远程喷雾机、3WQX-1300型风幕式喷杆喷雾机等。新产品应用了风幕防飘技术，采用气力辅助喷雾，减少药液飘移，提高药液在作物上的附着率，可节约农药施用量20%～30%。

6. 自走式高地隙喷杆喷雾机 在高地隙自走底盘上装备有液泵、喷杆、喷头等组成的喷雾系统及由液压驱动的风机、风管等组成的风幕系统。喷雾压力及喷雾量可调。沿喷幅方向布置的风幕装置有利于防止和减少细小雾滴的飘移，同时可以提高雾滴在作物丛中的穿透能力，增加雾滴的附着率，提高防治效果。适用于玉米等中耕作物的病虫害防治及化学除草。这类产品国外有John Deer 4720自走式喷杆喷雾机、巴西2000型自走式喷杆喷雾机，凯斯自走式喷杆喷雾机等（图2-3-8、图2-3-9、图2-3-10），目前国内已列入国家高技术发展计划项目，正在研制中。

图2-3-8 John Deer 4720自走式喷杆喷雾机

图 2-3-9　巴西 2000 型自走式喷杆喷雾机

图 2-3-10　CASE 自走式喷杆喷雾机

四、灌溉与排涝

（一）灌溉

玉米应按不同品种的农艺需水要求适时灌溉，灌溉方式主要有沟灌、喷灌、微灌、行走式灌溉等。沟灌是最传统的灌溉方式，投资较少，水资源利用率低，浪费大，且有碍拖拉机田间作业。喷灌投资较大，但比沟灌省水、省工，也无碍拖拉机进行各种田间作业，适用于丘陵地、不平地块。喷灌设备可分为移动式、固定式和半固定式，移动式利用率较高，作业成本较低。微灌的灌水流量小，延续时间长，所需工作压力较低，能够较精确地控制灌水量，把水和养分直接输送到作物根部附近的土壤中，满足作物生长发育的需要，但灌水器易堵塞。行走式灌溉是近十几年在我国发展起来的一种节水灌溉方法，适用于干旱半干旱地区的各种耕地。行走式灌溉设备主要是由拖拉机、农用运输车背负或拖曳水箱，用行间注水器将水直接灌注于农作物根部，节水效果显著，但用工量较大，机组进地次数多。

1. 喷灌　喷灌是利用一种专用的机械设备，将压力水经过喷头喷射到空中形成雨滴，比较均匀地喷洒到作物和地表面，为作物生长提供必要水分条件的一种节水灌溉方法。喷灌系统通常由水源工程、首部装置、输配水管道系统和喷头等部分组成。

由于我国有相当大比重的玉米地是山地、丘陵地，在那里采用喷灌更较之地面灌溉有其突出的优越性。我国大力推广机械喷灌并作为一项主要节水灌溉技术，其主要目的是为了增加农作物产量，提高农作物品质，实现优质、高产、高效农业。南方丘陵山区水资源相对比较丰富，但由于降雨时空分布不均匀，形成十年九旱的农业生产气候。尤其是在春夏季节（3～6月份），作物正需要灌溉的关键时刻而降雨偏少，在此期间实施喷灌，有利于作物生长，提高产量。随着农村产业结构调整，农业经营正逐步向集约化发展。采用人力挑水浇灌，劳动强度大，成本高，效率低，难以抗御旱灾和满足农作物用水需求。采用喷灌较地面灌溉有其突出的优越性，是当前大力推广发展的一种有效的节水灌溉方法。但是，喷灌也有一定局限性，主要是受风的影响大，在3～4级以上大风环境下工作，水滴会被风吹走，灌溉均匀性大为降低；其次是空气相对湿度过低时，水的蒸发损失可达10%；三是地表较湿润，深层则水分不足；四是固定式喷灌初期投入较高，每亩成本一般在1 500元以上。另外，由于农村体制分户经营、农村社会环境等因素，管理难度较大，设备丢失、损坏，导致投入得不到应有的回报而提前报废。对于喷灌形式的选择则应根据种植规模、管理水平、社会环境、投入与产出等关系进行具体情况具体分析。

固定式或半固定式管道喷灌虽然使用方便，但由于一次性投资较大，管理较困难，大规模实施有一定难度，目前在我国丘陵山区使用最为普遍的仍是轻小型移动式喷灌机组（指 10 千瓦以下内燃机或电动机配套的喷灌机组）。移动式喷灌机是将动力和水泵组成一体，由水泵出水口接出一条输水带，并与固定在支架上的喷头相连接，喷头支架可移动。当一个位置喷完后，喷灌机或支管、喷头及支架按需要进行移动一定距离，到新一个位置再进行喷灌，逐步推进，以达到在全部地块轮喷的目的。

下面介绍几种应用较为广泛的移动式喷灌机组：

（1）手提式喷灌机。手提式喷灌机的动力采用 0.37～1.50 千瓦单相微型电动机或 1.0～1.5 千瓦的内燃机。水泵与动力机多用联轴器相连。喷灌软管采用锦纶（涤纶）涂塑软管或低密度聚乙烯管（LDPE）。采用工作压力为150～250千帕的低压喷头。手提式喷灌机结构简单，重量轻，安装操作容易，工作压力低，耗能少，价格便宜，能充分利用小水源。它适合农村一家一户的经营方式。

（2）担架式喷灌机。担架式喷灌机（图 2-3-11）可由 2 人抬动搬迁。它的动力机一般为 2.9～4.4 千瓦的内燃机。动力机与水泵用联轴器连接。管道采用锦纶（绦纶）涂塑软管，管径一般为 50 毫米，喷头采用工作压力为 300～350 千帕的中压摇臂式喷头。喷头一般配置一个 PY140 型喷头，水泵为 45 米扬程的自吸泵。担架式喷灌机结构紧凑，重量较轻，操作、保养简单易行，无需机耕道，价格便宜。适应性强。适用于分散的小块地，特别是丘陵山区以及旱地粮食作物的喷灌作业。

（3）手推车式喷灌机。手推车式喷灌机（图 2-3-12）将水泵、动力机及传动机构固定在装有胶轮的车架上和移动喷头安装

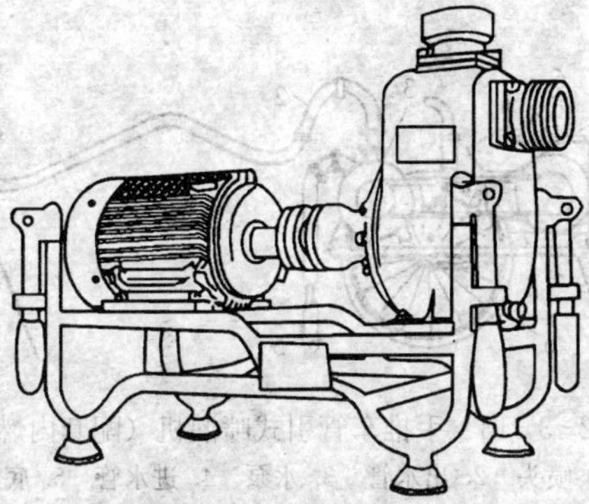

图 2-3-11　手抬式喷灌机

在引出的支管上，可进行多喷头组合喷洒。手推车式喷灌机的动力机一般采用 7.5 千瓦的电动机或 7～10 千瓦的内燃机，水泵多用联轴器与之直联，也可以用三角皮带传动（图 2-3-13）。管道多采用快速接头连接铝合金管或涂塑软管，按1条或2条支管配置。一般配置8～12个中、低压摇臂式喷头。适宜用于各种农作物。

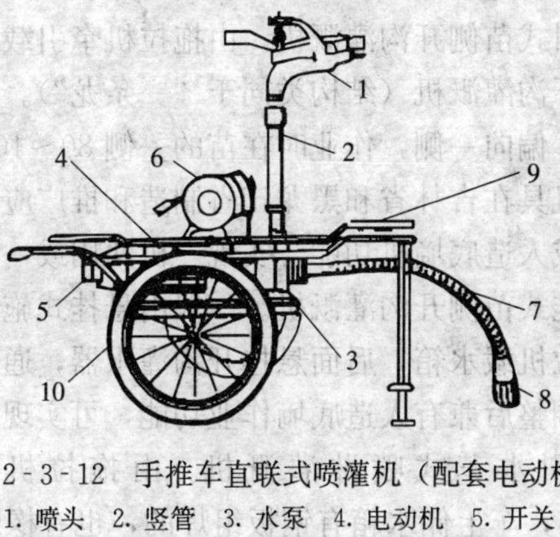

图 2-3-12　手推车直联式喷灌机（配套电动机）

1. 喷头　2. 竖管　3. 水泵　4. 电动机　5. 开关
6. 电缆　7. 吸水管　8. 底阀　9. 机架　10. 车轮

农村大量使用的小四轮、手扶式拖拉机亦可作动力，将喷灌设备与拖拉机配套，成为行走式喷灌机。

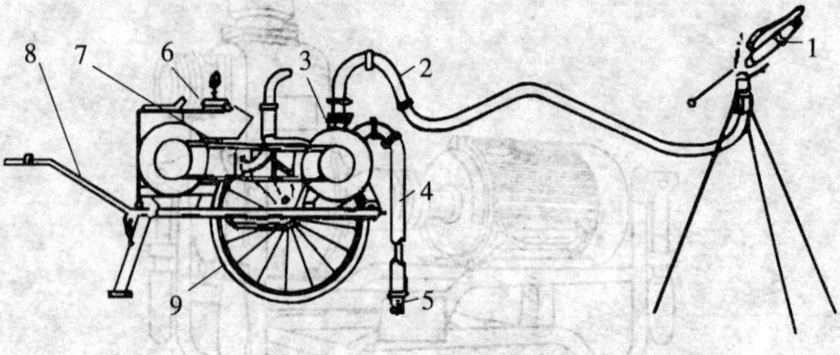

图 2-3-13　手推车管引式喷灌机（配套内燃机）

1. 喷头　2. 出水管　3. 水泵　4. 进水管　5. 底阀
6. 内燃机　7. 三角传动带　8. 车架　9. 车轮

2. 行走式节水灌溉机具　玉米种子出苗后，如果天气持续干旱，幼苗出现萎蔫时应及时补水，可使用行走式节水苗期灌溉机具。在作物生长中后期枝繁叶茂，需水量比播种期和苗期大，棵间蒸发损失减少，灌溉水大部分能被作物吸收。但多数作物生长得较高，拖拉机已无法下地作业，可在田边道路上用行走式喷淋灌溉机对作物施水。

（1）牵引式苗侧开沟灌溉机。由拖拉机牵引载水车，水车后再牵引苗侧开沟灌溉机（结构类同于"一条龙"）。开沟灌水器装在爬犁架上，偏向一侧，作业时在苗的一侧 80～100 毫米处开沟灌水。这类机具在吉林省和黑龙江省制造和推广应用较多。兼有施水播种机或人造底墒机功能，实现一机两用或一机三用。

（2）悬挂式苗侧开沟灌溉机。一般由悬挂式施水播种机改装而成，由拖拉机载水箱，后面悬挂开沟灌水器，通过地轮控制开沟深度。经调整后兼有人造底墒作业功能，可实现一机多用。

（3）牵引水车式喷淋灌溉机。由拖拉机牵引储水车（图 2-3-14），车上储水箱有钢板组焊的，也有橡胶袋式的，并增设了水泵及喷枪等装置，具备了在地边道路上对作物进行喷淋灌溉作业功能。不仅可以从自挂水车中泵水喷灌，也可以从地边水源抽水喷灌。机组不用下地，避免轧苗伤苗，也不受作物高度的影响，所以也可用于玉米等高秆作物生长中、后期的灌溉作业。施水播种时可作为运水车，也可作为移动泵站使用。

图 2-3-14　牵引水车式喷淋灌溉机

（4）机载水箱式喷淋灌溉机。一般由悬挂式施水播种机改装而成，由拖拉机载水箱，增设水泵和喷淋管杆，实现一机多用。缺点是机载水箱一般储水量不大，需频繁加水或运水，影响到作业效率较低。

图 2-3-15　8SJ-4 型旱田苗期注水机
（左下角为局部放大图）

(5) 旱田苗期注水机。将喷洒管改为纵向布置，改善了喷淋效果（图 2-3-15），适用于各种垄作作物播种前施水增墒和苗期施水追肥、抗旱保苗。

（二）排涝

遇有天然降水过多造成的内涝或洪水泛滥造成的外涝时，应及时排出田间多余的积水，防止根系被沤烂影响玉米的正常生长。排涝工具主要是农用水泵，利用电动机或柴油机带动，将涝水排出田间。

（三）利用节水节能新技术

发展节水农业，提高灌溉水利用系数和单方灌溉水的玉米生产能力，降低能耗。

泵产品是排灌机械化系统首部的重要供水元件，目前泵产品理论和技术成熟度较高，泵产品类型基本齐全，已能满足各种需求。应选用可靠性高、能耗低，应用新结构、新工艺、新材料和自动控制技术的泵产品。

水从泵站输往田间地头的途中应注意提高渠系输水利用系数。目前输水形式主要是渠道和管道输水。由干、支、斗、农渠组成的开式灌溉输水网络往往因渗漏或决口跑水造成损失，约占输水总损失的70%，而采用闭式管道组成的输水网络虽有滴漏，其损失不足5%。因而要大力推广应用渠道防渗技术和管道输水技术。

田间配水过程是农业节水灌溉的关键环节。如何提高单方水的玉米产量和灌溉水的利用系数与采用不同的灌溉模式有关。传统落后的大水漫灌模式的水利用系数只有 0.30～0.40，而采用先进的喷灌、微灌模式其水利用系数可达 0.8 以上。目前喷灌技术与设备正朝低压喷洒、降低能耗，机型变种、系列成套，智能技术、“傻瓜”控制，综合利用、精准灌溉，生产率高、可靠性强的方向发展。高、中、低压喷头产品均着眼于多用途、多种类、短系列，而非旋转微喷头已成为微灌主流。

农业排灌机械化的耗能在农业生产中所占比例较多。如在美国，农业生产耗能中田间作业占 20%，灌溉占 12%。在我国，2007 年与 1952 年比较，全国灌溉面积增长了 2.2 倍，而机电排灌动力却增长了 1294 倍，耗能巨大。因此，在排灌机械化中既要节水也要节能，才会发挥出良好的综合效益。

第四节　玉米收获机械化技术

一、玉米收获机械化技术发展现状与趋势

世界上第一台玉米联合收获机是由澳大利亚人于 1921 年设计的，经过半个世纪的发展，到 20 世纪 60 年代，国外工业发达国家逐步实现了玉米收获机械化。目前采用液、机、电相结合的技术，如液压控制的无级变速、电子导向的对行装置，使其性能达到了较高的水平。另外，国外种植方式多为一年一季种植，收获时玉米籽粒含水率很低，大多数国家采用玉米摘穗并直接脱粒的收获方式。如美国的 John deere 公司、Case 公司、德国的 Mengle 公司、道依茨公司生产的玉米联合收获机，绝大部分是在小麦联合收获机上换装玉米割台，并通过调节脱粒滚筒的转速和脱粒间隙方法，实现了玉米果穗的收获与籽粒的直接脱粒。

我国玉米收获机械研制起步较晚，20 世纪 50 年代后期才开始引进和研制。1971 年全国农业机械化工作会议后，玉米机械化收获重新掀起了高潮，迄今为止，我国玉米收获机的研制过程经历了国外样机的引进、仿制、改进到消化吸收、自行设计几个阶段，并取得了较好的效果。到目前为止，我国从事玉米收获机研制、生产的单位有60多家，已开发研制出的机型有60多种。从整体情况看，目前生产玉米联合收获机对行收获悬挂式（背负式）、自走式和互换割台已渐趋成熟，并在玉米主产区逐渐推广应用。

我国玉米机械化技术发展可以分为 4 个阶段：

第一阶段：研究开发阶段（1960—1980 年）

20世纪60年代初由中国农业机械科学研究院首先引进了前苏联的牵引式玉米联合收获机，并在此基础上经过消化吸收和改进，在黑龙江省赵光机械厂试制生产了丰收牌4YW－2型牵引式玉米联合收获机，在全国玉米主产区进行了农机农艺结合研究，当时在玉米主产区的农业机械化试点县进行了试验，本着“边试验、边示范、边改进”的原则，不断完善和改进机具结构，编制机具操作规程，总结技术规范，为在全国推广玉米收获机械化技术奠定了基础。

第二阶段：引进示范阶段（1980—2000年）

在此阶段，北京市研发生产了4YZ－4型玉米联合收获机、河北省引进了乌克兰生产的4行和6行玉米联合收获（青贮）机、山东省引进了荷兰生产的玉米青贮收获机进行试验示范。20世纪90年代以来，随着小麦收获机械化的实现，农民要求玉米机收的愿望逐渐显现出来，结合我国的实际，全国农机生产企业开始研究、开发玉米收获机械。一些企业和科研院所也加大研发力度，先后研制开发出两行、三行玉米联合收获机，机型也由原来的牵引式向悬挂式和自走式发展，机具开发和示范都取得了一定的成果。但从总体上看，收获机械化水平和机具性能还有待于进一步提高。

第三阶段：示范推广阶段（2000—2007年）

从2000年开始，国家农业部组织农机生产企业、大专院校、科研和推广单位实施了一批国家科技攻关计划、跨越计划和创新项目。2000年至2002年，山东省农机技术推广站与兖州玉丰机械公司通过承担农业科技跨越计划《悬挂式玉米联合收获机中试》项目，实现了玉米摘穗、还田、灭茬技术的一体化和成熟化，填补了国内空白，并在山东省5家企业进行生产；2000年至2003年，山东淄博向农机械有限公司和山东理工大学通过承担“十五”国家科技攻关计划《自走式穗茎兼收型玉米联合收获机研制》项目，成功研制了居国内领先水平的自走式玉米联合收获机；2004年，山东省农机技术推广站、山东淄博向农机械有限公司、山东理工大学和莱阳农学院又联合承担国家科技攻关计划重点项目《玉米收获技术与装备研究示范》课题，开发出自走式和悬挂式穗茎兼收型玉米联合收获机，目前正在试验示范中；烟台市农机部门协助莱动布光农机有限公司从法国引进了自走式玉米联合收获机，进行合资生产。特别是 2005 年农业部决定在山东、河北 2 省进行玉米收获机械化先行一步试点，经过 2 年多的试点，山东河北 2 省本着“边示范、边改进、边完善、边提高”的原则，机具的适应性和可靠性有了很大提高，先后研究制定出了《玉米秸秆还田机械化作业技术规范》、《玉米机械化收获作业技术规范》等机械化作业技术规范，为在全国大规模推广应用提供了强有力的技术支持。达到了实施一个项目、定型一批机具、提炼一项技术规范、形成一个作业质量标准、总结一批经验，推动面上工作的目的。

第四阶段：加快推进阶段（2007 年至今）

为了推广山东、河北的试点经验和做法，农业部 2007 年 8 月 31 日在山东淄博召开全国玉米收获机械化现场会；会上，农业部张宝文副部长作了《抓住机遇，开拓创新，加快推进玉米生产机械化》的讲话；要求重点推广山东玉米收获机械化的推广应用经验。同期，还举办了玉米联合收获机全国首次跨区作业出征仪式。为了落实会议精神，加快推进玉米收获机械化，2007 年 1 月，农业部农业机械化管理司出台了《加快推进玉米生产机械化》意见，进一步明确了玉米生产机械化的发展思路、发展目标和政策措施。为加快推进玉米生产机械化，4 月 10 日，农业部农机化管理司在辽宁省沈阳市召开 2008 年全国玉米生产机械化工作会议，并启动全国 10 个玉米生产机械化示范点项目。2010 年农业部又下文，将购机补贴资金优先用于补贴玉米收获机械，使全国玉米机械化生产的步伐明显加快。

我国玉米种植面积大，分布广，种植模式复杂以及农村经济发展不平衡等原因，对我国玉米收获机械化提出了不同的要求，因此不能只靠单一的机型来满足庞大的市场需求，要大、中、小型并举，悬挂式、自走式和稻麦收割机互换玉米割台式等多种机型并存。提高玉米收获机械的作业效率、增加收获机械的功能将是玉米收获机械的重点发展方向，能够实现多功能、多环节、适应多行距，集高性能、高科技、标准化、集成化于一体的节能降耗的玉米收获机械将是今后发展的重点。

二、玉米机械化收获技术

玉米机械化收获技术是在玉米成熟时根据其种植方式、农艺要求，用机械装置来完成摘穗、输送、集箱、秸秆处理等生产环节的作业技术；或者说，玉米机械化收获是指利用机械装备对果穗收获、秸秆田间处理的一种机械化收获技术。玉米机械化收获技术主要有玉米分段收获机械化技术、玉米联合收获机械化技术、玉米秸秆青贮机械化技术、玉米秸秆还田机械化技术和玉米收获后耕整地机械化技术。

（一）玉米分段收获机械化技术

玉米分段收获机械化技术是在低温多雨或需要抢农时种下茬作物的地区，在茎秆和籽粒含水率较高、苞叶青湿并紧包果穗的情况下，所采用的先摘穗、剥皮晾晒，直至水分下降到一定程度时再脱粒、秸秆切段青贮或粉碎还田的分段收获技术。可避免因籽粒过湿脱粒而导致籽粒大量破碎或损伤的问题。

1. 主要技术模式

（1）人工摘穗＋秸秆处理模式：其工艺流程为人工摘穗→人工或机械剥皮→脱粒→秸秆处理等 4 个分段环节。

（2）机械摘穗＋秸秆处理模式：其工艺流程为机械摘穗→剥皮→脱粒→秸秆处理 4 个分段环节。

2. 技术要点 玉米分段收获作业应达到国家有关标准要求：果穗损失率≤3%，割茬高度并≤15 厘米。为保证玉米果穗的收获质量和秸秆处理的效果，玉米分段收获应按以下要求进行：①收获前，应对玉米的倒伏程度、果穗成熟情况等进行调查，并提前制定收获计划。②采用机械摘穗作业前应进行适当试作业，达到农艺要求后，方可投入正式作业。目前分段收获机均为对行收获，作业时其割台要对准玉米收获行，以便减少落穗损失，提高作业效率。③作业前，适当调整摘辊间隙，以减少啃果落粒损失；作业中，注意果穗采摘、输送、剥皮等环节的连续性，以免卡住、堵塞或其他故障的发生；随时观察果穗箱的充满程度，及时倾卸果穗，以免果穗满箱后溢出或造成果穗输送装置的堵塞和故障。④正确调整秸秆还田机的作业高度，以保证留茬高度小于100毫米，以免还田刀具打土、损坏。⑤如安装灭茬机时，应确保灭茬刀具的入土深度，保证灭茬深浅一致，以保证作业质量。

（二）玉米联合收获机械化技术

玉米联合收获机械化技术是在玉米成熟时，根据其种植方式、农艺要求，实现切割、摘穗、输送、剥皮、集箱、穗茎兼收或秸秆还田的作业过程。简言之，玉米联合收获机械化是指利用机械装备对果穗收获、秸秆田间处理的一种联合作业方式。

我国大部分地区，玉米收获时的籽粒含水率一般在25%～35%，甚至更高，收获时还不能直接脱粒，所以一般采用收获果穗的方法。

1. 主要技术模式

（1）机械摘穗＋秸秆粉碎还田模式：其工艺流程为机械摘穗→输送集箱→秸秆粉碎还田等3个连续作业的环节。

（2）穗茎兼收模式：工艺流程为机械摘穗→输送集箱→秸秆收集等3个连续作业的环节。

2. 技术要点　玉米联合收获机作业应达到国家有关标准要求：籽粒损失率≤2%，果穗损失率≤3%，籽粒破碎率≤1%，籽粒含水量≤25%，割茬高度≤15厘米，玉米茎秆粉碎还田，茎秆切碎长度≤15厘米，且抛散均匀。为保证玉米果穗的收获质量和秸秆处理的效果，减少果穗及籽粒破损率，玉米联合收获应按以下要求进行：①收获前，应对玉米的倒伏程度、种植密度和行距、果穗的下垂度、最低结穗高度等情况，做好田间调查，并提前制定作业计划。②提前3～5天对田块中的沟渠、垄台予以平整，并对水井、电杆拉线等不明显障碍设置标志，以利安全作业。③作业前应进行试收获，调整机具，达到农艺要求后，方可投入正式作业。目前大部分玉米联合收获机均为对行收获，作业时其割台要对准玉米收获行，这样既可减少掉穗损失，又可提高作业效率。④作业前适当调整摘穗辊（或搞穗板）间隙，以减少啃果落粒损失；作业中，注意果穗升运过程中的流畅性，以免卡住、堵塞；随时观察果穗箱的充满程度，及时倾卸果穗，以免果穗满箱后溢出或造成果穗输送装置的堵塞和故障。⑤正确调整秸秆还田机的作业高度，以保证留茬高度小于100毫米，以免还田刀具打土、损坏。⑥如安装灭茬机时，应确保灭茬刀具的入土深度，保证灭茬深浅一致，以保证作业质量。⑦实施秸秆青贮的玉米收获要适时进行，尽量在玉米果穗籽粒刚成熟时，秸秆发干变黄前（此时秸秆的营养成分和水分利于青贮）进行收获作业。⑧玉米收获尽量在果穗籽粒成熟后晚3～5天再进行收获作业，这样玉米的籽粒更加饱满，果穗的含水率低。⑨秸秆越青，水分越高越利于将秸秆粉碎，可以相对减少功率损耗。⑩根据地块大小和种植行距及作业质量要求选择合适的机具，作业前制定好具体的收获作业路线。

（三）玉米秸秆青贮机械化技术

玉米秸秆青贮机械化技术，就是蜡熟期玉米通过青贮机械一次性或分段完成摘穗、秸秆切碎，并将切碎的秸秆即刻入窖，直接或通过氨化、碱化等处理后进行密封，经过厌氧发酵，将秸秆中能被消化吸收的纤维素和不被吸收的木质素切断，从而提高秸秆的消化利用率，增加秸秆的粗蛋白含量。根据青贮添加剂的配方不同，还可以将该技术进一步分为秸秆微贮、氨化、酸贮、碱化等多种复合青贮加工技术。

1. 主要技术模式　主要有窖式青贮和塑料袋装青贮 2 种模式。其青贮技术路线是将蜡熟期玉米通过青贮收获收机械一次性完成摘穗、秸秆切碎收集，或人工收获后将青玉米秸秆铡碎至1～2厘米长，青玉米秸秆的含水量一般在 67%～75%，即用手捏原料，指缝中有水珠渗出，但不往下滴即可装入塑料袋或窖中，压实排除空气以防霉菌繁殖，密封保存 40～50 天即可饲喂。青贮技术工艺流程为：建立青贮池/窖→玉米秸秆适时收获切碎→装池→洒水和掺入青贮添加剂→压实→封盖塑料膜压土密封→发酵 40～50 天→喂养牲畜。

2. 技术要点

(1) 控温和厌氧。青贮料的温度最好在 25～35℃，此温度乳酸菌能大量繁殖，抑制了其他杂菌（丁酸菌）繁殖。温度过高，可能出现过量产热而抑制了乳酸菌繁殖，助长了其他细菌增殖，使用全青贮失败，青贮料会变臭，养分也会大量流失。

(2) 控制原料水分。原料中水分过高，会影响青贮料的适口性，原料含水量一般在 50%～75%左右较为适宜；同时最适宜乳酸菌繁殖。

控制原料中可溶性含糖量：原料中必须要有适量的糖分，才有利于乳酸菌的繁殖，一般要求 3%即可。

(四) 玉米秸秆还田机械化技术

玉米秸秆还田机械化技术是在玉米收获时或收获后，使用还田机械对秸秆进行粉碎、抛撒的作业过程。

1. 主要技术模式　人工掰棒→还田机械粉碎秸秆抛撒地面→施肥（补氮）→旋耕或耙地灭茬→深耕整地→播种小麦→浇水塌实；联合收获→秸秆粉碎抛撒地面→施肥（补氮）→旋耕或耙地灭茬→深耕整地→播种小麦→浇水塌实。

2. 技术要点

(1) 及时收获。玉米成熟后及时收获秸秆粉碎还田。秸秆含水量较高时粉碎还田效果好（最适宜含水量 70%以上），此时秸秆中的养分能充分利用，并易腐烂。切碎后秸秆长度一般要求在 3～6 厘米，防止漏切。

（2）增施氮肥。秸秆还田后进行补氮，除应正常施底肥外，亩增施碳铵 12 千克，将玉米秸秆碳氮比由 80∶1 补到 25∶1。

（3）旋耕或耙地灭茬。用旋耕机作业1遍或重耙2遍，在切碎根茬的同时将秸秆、化肥与表层土壤充分混合。旋耕深度8～12厘米。

（4）深耕翻埋。耕地深度大于 25 厘米，耕后耙透、镇实、耢平。通过耕翻、压盖，消除因秸秆造成的土壤架空，为播种创造条件。

（5）播种。最好使用圆盘式开沟器的小麦播种机播种，以免勾挂根茬或秸秆造成壅土。播种深度 3～5 厘米，覆土镇压严紧，种籽破碎率不大于 0.5%，田间无漏播、地头无重播、断播率不大于 5%。

（6）浇水。玉米秸秆在土壤中腐解时需水量较大，如不及时补水，不仅腐解缓慢，还会与麦苗争水。因此，小麦播种前要浇足塌墒水，以消除土壤架空，促进秸秆腐烂。冬前要浇好封冻水，这对当季秸秆还田的冬小麦尤为重要。春季要适时早浇返青水，促进秸秆腐烂，保证麦苗正常生长所需的水分。

三、玉米收获机结构和工作原理

玉米收获机根据摘穗原理的不同，主要分为辊式摘穗和板式摘穗 2 种机型；根据摘穗器结构的不同，可分为纵卧辊式和立辊式机型；根据动力配置方式的不同，又可分为牵引式、悬挂式、自走式、与小麦收获机互换割台和稻麦联合收获机玉米割台等多种机型；根据收获作业的用途分为果穗收获型、秸秆还田型、穗茎兼收型、秸秆铺放型、青贮型。

我国目前开发研制和正在推广使用的玉米收获机大致可以

分为5种类型，即悬挂式（俗称背负式）玉米收获机、牵引式玉米收获机、自走式玉米收获机、玉米割台和青贮式玉米收获机。

1. 悬挂式玉米收获机　悬挂式（背负式）玉米联合收获机是针对我国农村拖拉机保有量比较高的实际国情而开发的，是我国特有的一种玉米收获机械，它充分利用了拖拉机的动力和行走装置，提高了拖拉机的利用率。悬挂式（背负式）机型的收获工艺为摘穗→输送→果穗装箱→茎秆粉碎还田。

悬挂式玉米收获机的悬挂方式有前悬挂、侧悬挂和后悬挂3种。其结构由摘穗机构、输送装置、果穗箱和秸秆粉碎装置（或粉碎捡拾回收装置）组成，如图2-4-1所示。我国悬挂式玉米收获机的主要有2～4行机型，配套动力为37～44千瓦四轮拖拉机。作业过程可以实现摘穗、集穗、秸秆粉碎还田等功能，部分机型还加装了果穗剥皮功能。

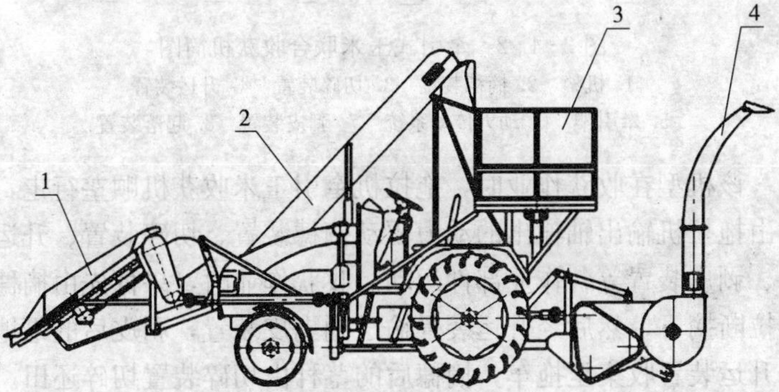

图2-4-1　悬挂式玉米收获机
1. 摘穗机构　2. 输送装置　3. 果穗箱　4. 秸秆粉碎装置

在收获作业时，玉米果穗通过摘穗装置摘下，然后经过搅龙横向输送到升运器，再通过升运器将果穗收集到果穗箱，玉米秸秆在拖拉机碾压后通过粉碎装置切碎还田。该种机具具有结构简单、操作方便、机动灵活等特点，与大型自走式玉米联合收获机相比，具有价格低廉的优点。其缺点是与拖拉机组装工作量大，机组作业时驾驶人员舒适性差。

2. 牵引式玉米收获机 牵引式玉米联合收获机式是我国最早研制和开发的机型（图 2-4-2），具有摘穗、剥皮、果穗装车、茎秆粉碎还田或收集等功能。

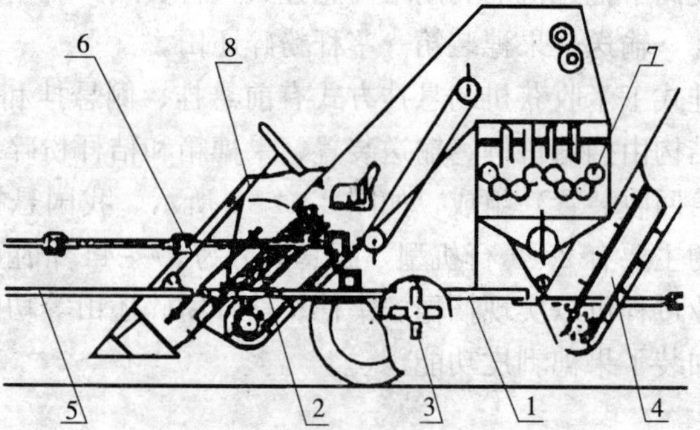

图 2-4-2 牵引式玉米联合收获机简图

1. 机架 2. 摘穗装置 3. 切碎装置 4. 升运装置
5. 牵引架 6. 动力传动系统 7. 剥皮装置 8. 起落装置

该机型在收获作业时，拖拉机牵引玉米收获机顺垄行走，同时由拖拉机输出轴输出的动力驱动摘穗装置、切碎装置、升运装置、剥皮装置等各作业部件运动。收获作业时，果穗先由摘穗装置拉断摘下，然后经升运装置输送到剥皮装置，剥皮后的果穗再经升运装置收集至拖车；摘穗后的茎秆由切碎装置切碎还田。由于收获机安置在动力机械的一侧，所以作业前需要人工收割开道，加之机组较长，转弯半径大，因此适应较大地块的玉米收获作业。虽然该机技术成熟，但由于自身结构存在的如上缺陷，难以适应当前农村一家一户小地块的种植模式，所以除在个别农场还在应用外，在广大农村应用较少。

3. 自走式玉米收获机 自走式玉米收获机（图 2-4-3），配套动力在 55 千瓦以上，主要有果穗收获型、穗茎兼收型和籽粒收获型 3 种。

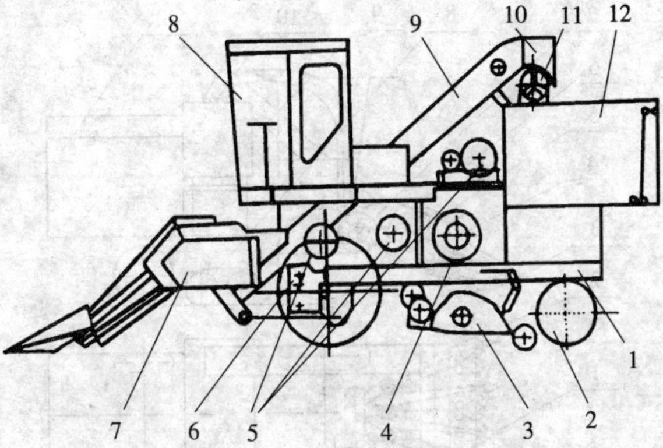

图 2-4-3　自走式玉米收获机结构简图

1. 机架　2. 后（转向）桥　3. 粉碎装置　4. 发动机　5. 各中间轴　6. 前（驱动）桥　7. 割台　8. 驾驶室　9. 升运器　10. 粉碎器　11. 除杂装置　12. 果穗箱

果穗收获型可以一次完成摘穗、剥皮、集穗、秸秆粉碎还田等工序；而籽粒收获型是在摘穗后，直接进行果穗脱粒。自走式机型摘穗机构一般采用摘穗板－拉茎辊－拨禾链组合机构，所以它具有工作效率高，作业效果好，使用和保养方便的优点，但其用途专一。一般带有秸秆粉碎还田装置，秸秆粉碎机采用甩刀式结构，刀端的线速度不低于 38 米/秒，割茬高度可调整。

穗茎兼收型可一次完成摘穗、输送、集穗、秸秆切碎收集、青贮等作业。图 2-4-4 为 4YQZ－3 型自走式穗茎兼收型玉米联合收获机简图。该机在作业时，首先由往复式切割器切断玉米植株，然后通过夹持链将其输送到立辊式摘穗辊进行摘穗；摘下的果穗由输送装置输送到果穗箱中；茎秆通过拉茎辊拉送，经滚刀切碎并由抛送器抛送到茎秆收集箱或拖车中；割断后的根茬由根茬粉碎装置粉碎还田。该机型具有结构紧凑、性能完善、作业效率高、作业质量好等优点；其不足之处是构造复杂，制造要求高，且售价较高。

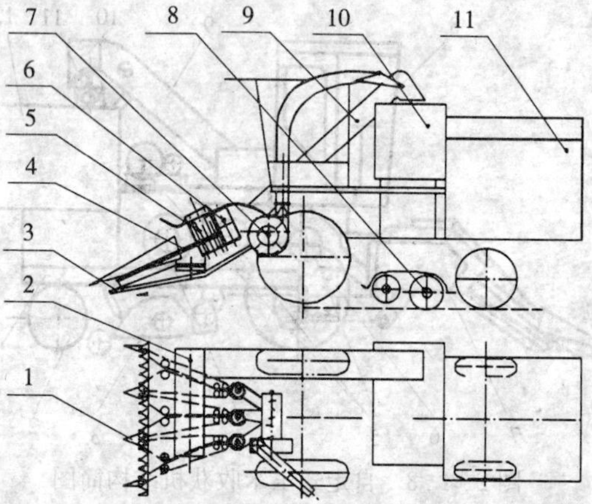

图 2-4-4　自走式穗茎兼收型玉米联合收获机结构简图
1. 分禾器　2. 横输送器　3. 往复式切割器　4. 夹持链　5. 摘穗辊
6. 切碎滚刀　7. 抛送器　8. 根茬破碎装置　9. 升运器
10. 果穗箱　11. 茎秆收集箱

籽粒收获型可一次完成玉米果穗摘收、脱粒和秸秆还田作业。作业时要求玉米收获期籽粒含水率较低。由于我国现阶段玉米收获时含水率普遍较高，因此目前我国应用具有脱粒功能的玉米收获机很少。

底盘是在国内已定型的小麦联合收割机底盘基础上适当改进，所配动力一般采用两端输出。前端输出通过中间轴、无级变速、齿轮变速箱（包括离合器、差速器）驱动收获机行走，后端输出通过主离合器驱动工作部件，两者相互独立，便于工作和运输状态的相互转换。

4. 玉米割台　我国开发的玉米割台与稻麦联合收获机配套作业，扩展了现有稻麦联合收获机的功能，可完成摘穗、集穗、秸秆粉碎还田等作业。目前示范推广的主要是与自走式稻麦联合收获机进行割台互换的玉米摘穗台，可以一次完成摘穗、输送和集箱等作业。图 2-4-5 为玉米割台工作原理简图。该机在工作时，分合器从玉米茎秆的下部插入行间将植株扶正，并引导茎秆进入两组回转的、带拨齿的拨禾链。拨禾链将茎秆引入摘穗板和拉茎辊的工作间隙，由相对回转的拉茎辊将其向下方强制拉出。果穗到达拉茎辊上方的摘穗板时，由于果穗直径大于摘穗板的间隙，被阻挡在摘穗板上，而茎秆被拉茎辊继续向下拉引，果穗从而被摘离，掉入输送搅龙，通过果穗升运器进入粮箱。当前市场上正在试验示范的大都是不带脱粒的玉米割台，这种可互换的玉米割台在一年两作地区市场前景看好。

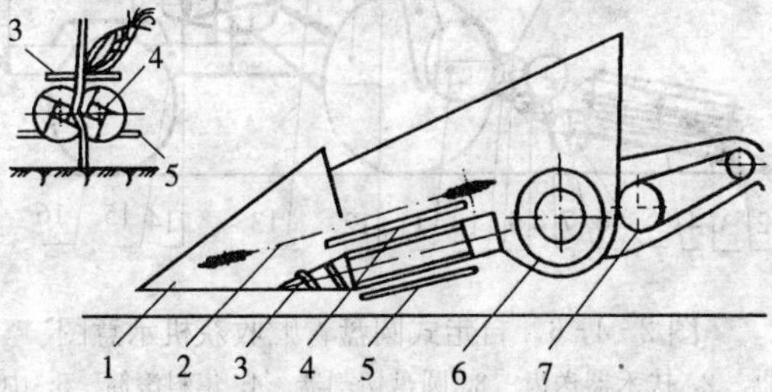

图 2-4-5　玉米割台工作原理简图
1. 分禾器　2. 拨禾链　3. 拉茎辊　4. 摘穗板
5. 清除刀　6. 果穗螺旋　7. 链耙式升运器

5. 青贮式玉米收获机　青贮式玉米收获机械可用于收获大麦、燕麦、牧草、玉米和高粱等青贮作物，在田间作业时可一次完成对作物的收割、切碎并将切碎物料抛送至饲料挂车中（图 2-4-6）。青贮饲料收获机械可分为自走式、牵引式和悬挂式 3 种类型。其中，自走式机型有独立的行走底盘，主机可配带不同的割台满足不同作物的收获，具有生产效率高、机动性能好、适应性广等特点，适合大型奶牛场及农牧场使用。牵引式机型是以拖拉机为配套动力，主机可以配带多种割台作业，具有适应性广、使用成本低、收获后不占用动力等特点，适合在较大的田地作业。悬挂式机型与拖拉机配套使用，主机一般只配带高秆作物割台收获青饲玉米和高粱，具有结构紧凑、转弯半径小、机动灵活等特点，适合小型奶牛场、农牧场及个体农户使用。

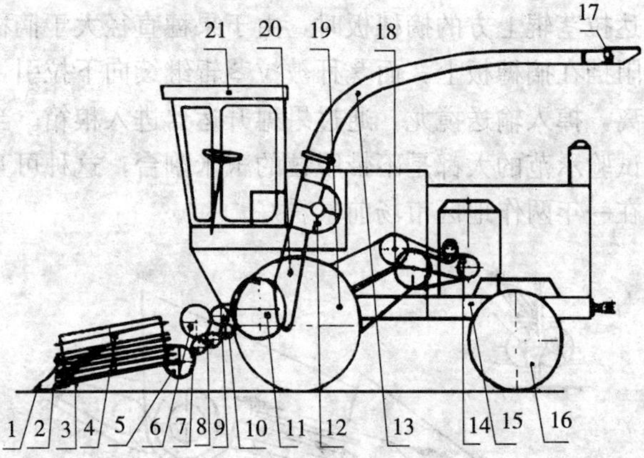

图 2-4-6　自走式圆盘青贮收获机示意图

1. 分禾器　2. 扶禾器送齿　3. 圆盘切割器　4. 集料滚筒　5. 中间输送辊　6. 前上喂入辊　7. 前下喂入辊　8. 中下喂入辊　9. 后上喂入辊　10. 后下喂入辊　11. 切碎装置　12. 抛送装置　13. 上抛送筒　14. 发动机　15. 底盘车架　16. 转向轮　17. 抛送导向板　18. 传动中间轴　19. 驱动轮　20. 下抛送筒　21. 驾驶室

四、玉米联合收获机主要工作部件结构和工作原理

(一) 分禾器

分禾器有圆锥形和多棱形 2 种，其中多棱形由于制造方便而使用比较广泛，其结构如图 2-4-7 所示，由分禾器尖与分禾器体两部分铰接而成。分禾器尖可相对地面浮动，以适应地面的起伏。在正常作业的条件下，应尽可能贴近地面。其最低位置由支

架上的可调节支撑进行调节。

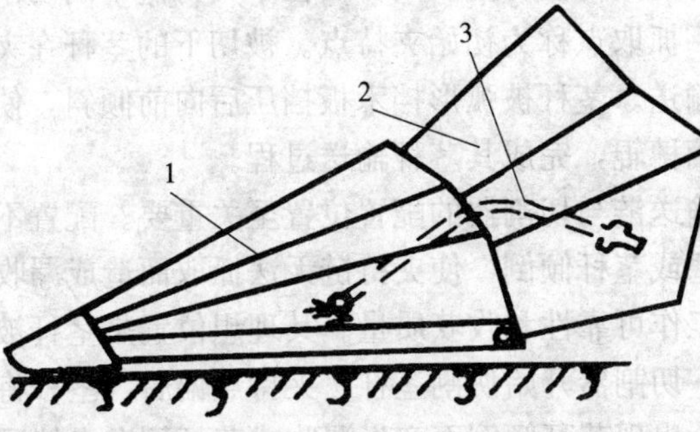

图 2-4-7　分禾器装置

1. 分禾器尖　2. 分禾器体　3. 调节支承

（二）夹持输送装置

夹持输送装置是立辊式玉米收获机的主要工作部件之一。其夹持输送装置可分为输送带、套筒滚子链、齿形带和异形胶带等几种。用于立辊式收获机上的是以套筒滚子链为元件的强制式夹持输送装置，其结构如图 2-4-8 所示，由切割器、喂入链、挡禾板、压紧滑道、缓振张紧轮、夹持输送链和拨禾链组成。其作用是将被切割器切割下的秸秆稳定、可靠地夹持输送、喂入到摘穗辊。

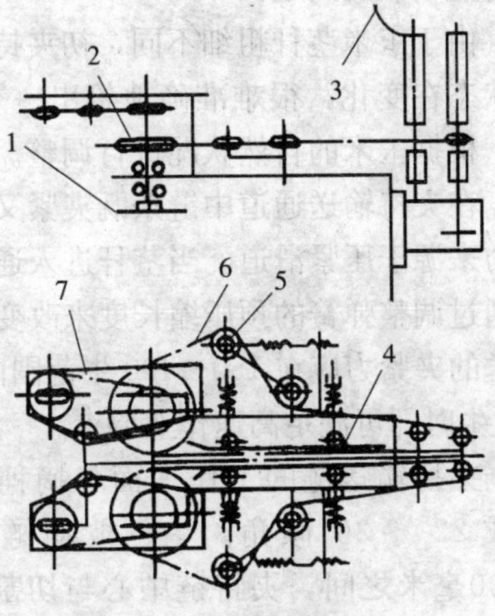

图 2-4-8　夹持输送装置

1. 切割器　2. 喂入链　3. 挡禾板　4. 压紧滑道　5. 缓振张紧轮　6. 夹持输送链　7. 拨禾链

作业时，茎秆经分禾器分禾后，在拨禾链的作用下送到夹持链。在夹持链夹持茎秆的瞬间，由位于夹持链下的切割器将茎秆切断。这一抓取点称为初始夹持点。被切下的茎秆在夹持链的夹持下向后输送。茎秆被弧形挡禾板挡压后向前倾斜，使茎秆根部首先进入摘穗辊，完成其茎秆输送过程。

夹持输送链与切割器的配置位置至关重要。配置不当将造成喂入口堵塞或茎秆倾倒，使夹持链无法抓取而造成漏收，直接影响机器的工作可靠性和收获质量。其理想位置是茎秆被夹持链抓取的同时，切割器开始切割茎秆。夹持点偏后，茎秆将先被切割后夹持，会出现茎秆倾倒而产生漏收或茎秆倒在夹持通道内形成堵塞，影响机器的正常工作。夹持点偏前，即茎秆先被夹持后切割，将产生向上拔茎秆的现象，容易使夹持输送链脱离导轨甚至夹持链断裂的问题。

由于玉米茎秆粗细不同，初夹持点的位置是随茎秆直径和生长状态在变化，很难准确地给出一个定值，一般用试验方法确定，根据玉米的自然状况进行调整。

在夹持输送通道中链条既夹紧又输送茎秆，链条夹紧茎秆的压力来源于压紧滑道。当茎秆进入通道后，压紧滑道夹持力大小可通过调整弹簧的预压缩长度来改变。实践证明，茎秆可靠夹持输送的夹紧力应在 150～400 牛范围内。压紧弹簧预压力为160～180 牛时即可满足高速作业要求。

夹持输送链的工作平面与摘穗辊成垂直配置，并与水平面成 22°～30°倾角。主、被动链轮中心距一般在1 400～1 500毫米之间，夹持链中心与切割器垂直距离为 80～100 毫米。由于主动链轮与摘穗辊同轴，它的结构尺寸和线速度受到摘穗辊直径和速度的限制。主动链轮转速较高，齿数较少，传动不平稳，这会使链条加速磨损，降低使用寿命。由于链条的紧度随夹持茎秆的情况而变化，因此在链条回路中采用了缓震张紧装置，以便自动调节链条的张紧程度，保持一定的张紧力。

（三）玉米摘穗装置

摘穗装置是摘穗割台完成摘穗作业的核心装置，其功用是使果穗与茎秆分离。摘穗装置主要有辊式和板式 2 种。按结构可分为纵卧式摘辊、立式摘辊、横卧式摘辊 3 种辊式和纵向摘穗板摘穗装置。

1. 卧式摘穗辊　由 1 对相对回转的摘穗辊、摘穗辊间隙调整机构和传动装置组成，如图 2-4-9 所示。

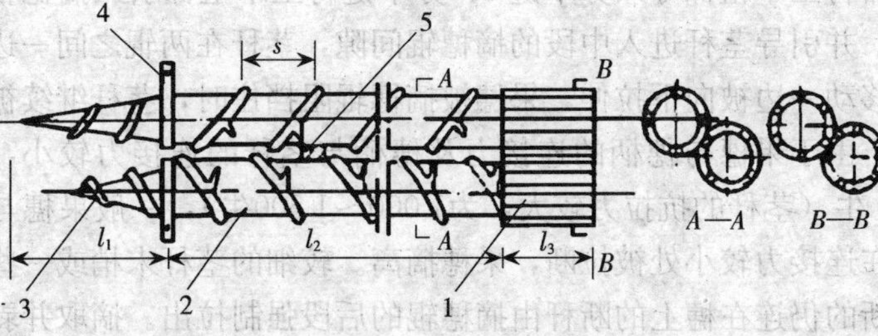

图 2-4-9　纵卧式摘辊

1. 强拉段　2. 摘穗段　3. 导锥　4. 可调轴承　5. 茎秆

摘穗辊的配置是前低后高，纵向倾斜，摘辊轴线与水平线夹角 15°～40°，两辊的轴线基本平行。为使摘下的果穗能尽快脱离摘穗辊，避免咬伤和掉粒损失，两摘穗辊中心具有约 35 毫米的高度差。由于两摘穗辊前端要求离地高度相同，又要保证两辊的高度差，所以两辊长度不等，一般高的摘穗辊较长（为1 100～1 300毫米）、低的摘穗辊较短（740～1 000毫米）。在小型玉米收获机上，受结构限制，摘辊轴线与水平线夹角也可小至 0°。

摘穗辊分前、中、后三段。前段为带螺纹凸棱的锥体，主要起引导茎秆和有利于茎秆进入摘穗辊间隙的作用。中段为带有螺纹凸棱的圆柱体，起摘穗作用（长度为 500～700 毫米），其表面的凸棱高一般 10 毫米左右，螺距为 160～170 毫米。摘穗辊对应的螺纹方向相反，并相互交错配置。为了提高摘穗能力，螺纹上相隔 90°设有摘穗钩（或称摘穗爪）。摘穗辊的直径一般为 72～100 毫米，转速 600～820 转/分。两摘穗辊之间的间隙（以一辊的顶圆到另一辊根圆的距离计算）较茎秆直径小，约为茎秆直径的 30%～50%，移动摘穗辊前轴承可以调节摘辊间隙，调节范围为 4～12 毫米（从摘穗辊中部测量）。

摘穗辊和拨禾链、输送链、传动系统、机架等组成玉米收获机的摘穗单元体（图 2-4-10）。摘穗时，随着机器的前进，分禾器将玉米植株导入分禾链 6，分禾链将玉米植株引入摘穗辊前段、并引导茎秆进入中段的摘穗辊间隙，茎秆在两辊之间一边轴向移动一边被向下拉伸，果穗被摘穗辊阻挡住时，茎秆继续被下拉。由于果穗与穗柄的连接力及穗柄与茎秆的连接力较小，约 500 牛（茎秆的抗拉力较大，为1 000～1 500牛），一般果穗与穗柄在连接力较小处被拉断，果穗摘离。较细的茎秆末梢或一些被拉断的仍连在穗上的断秆由摘穗辊的后段强制拉出。摘取并剥去部分苞叶的果穗由输送器送出。

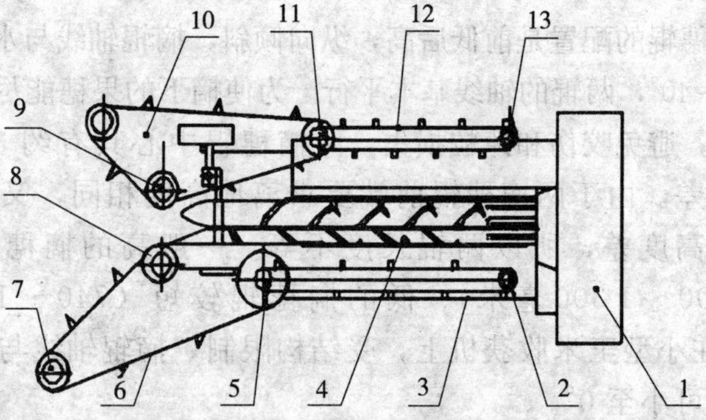

图 2-4-10　辊式摘穗单元体

1. 传动箱　2、13. 主动链轮　3、10. 机架　4. 摘穗辊　5、11. 双链轮　6. 分禾链　7. 分禾链轮　8、9. 导向链轮　12. 拨禾输送链

摘穗辊的后段为强拉段（长 120～320 毫米），表面上具有较

高的凸棱。其主要作用是将茎秆的末梢部分和在摘穗中已拉断的茎秆强制从缝隙拉出或咬断，以防堵塞。

卧式摘穗辊的主要特点是在摘穗时茎秆的压缩程度较小，因而功率耗用较小，对茎秆不同状态的适应性较强，工作较可靠，摘落的果穗含杂少，对果穗有一定的剥皮功能。适合于配置在筒式玉米收获机上。

2. 立式摘穗辊　由 1 对（或 2 对）倾斜（与竖直线约成 25°夹角）配置的摘穗辊和挡禾板所组成（图 2－4－11）。摘穗辊是该装置的主体，每个摘穗辊分上、下两段，上段为主要部分，起

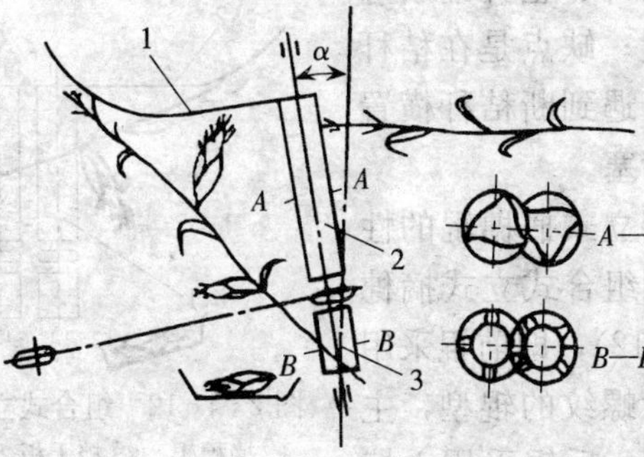

图 2－4－11　立式摘辊

1. 挡禾板　2. 上段　3. 下段

摘穗作用；下段为辅助部分，起拉茎作用。两摘穗辊轴心线与垂直面成前倾 25°左右的夹角。为了增加摘穗辊对茎秆的抓取和对果穗的摘落能力，该段的断面为花瓣形（3～4 花瓣）或螺纹凸棱型。下段为辅助部分，主要起引拉茎秆的作用。该段的断面或与上段相同或采用 4～6 个棱形。摘穗辊的直径一般为 80～95 毫米。上段长为 300 毫米左右，下段长 150～200 毫米。摘穗辊转速为1 000～1 100转/分。为了使摘穗辊对茎秆有较强的抓取能力，其间隙较卧辊小，一般间隙为 2～8 毫米。间隙大小可通过移动下轴承或上下轴承的位置进行调节。摘穗辊上下两段之间是

夹持链的主动链轮。

工作时，割下的茎秆由夹持链引导从根部喂入到摘穗辊下段的间隙中，由下段抓取拉引，茎秆迅速后移并上升到上段；在挡禾板的推挡下，茎秆以与两辊轴心所在平面基本垂直的方向被向后拉送，果穗抵达摘穗辊时被阻挡，穗与穗柄的连结强度较茎秆的强度小，故多在此处被拉断，果穗摘离并掉落在摘辊前方的输送装置上。

立式摘穗辊作业时，由于果穗被摘离茎秆后，立即掉落脱离，所以籽粒的咬伤损失小。其特点是摘穗辊后面空间较大，利于配置秸秆切碎、整秆铺放等秸秆处理装置；缺点是在秸秆夹持过程中，遇到断秸秆横置时，易造成堵塞。

为了改善立式摘穗辊的性能，也可采用组合式立式摘穗辊（图 2-4-12），即前辊采用表面具有钩状螺纹的辊型，主要起摘穗作用；后辊采用六棱形（或六花瓣形）拉茎辊，有较强的拉引作用。

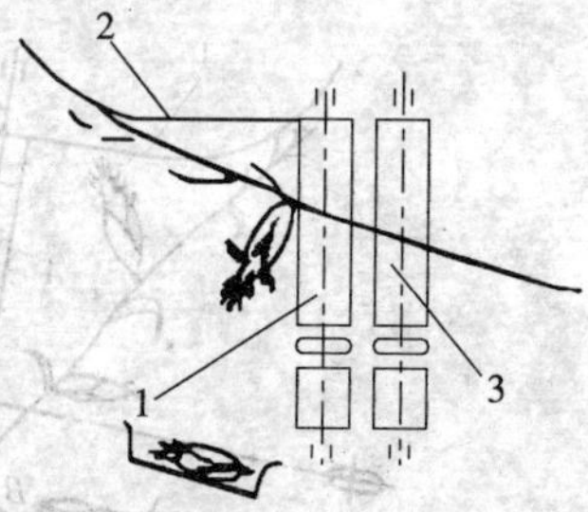

图 2-4-12　组合式立式摘穗辊
1. 摘穗辊　2. 挡禾板　3. 拉茎辊

3. 板式摘穗辊　主要用在玉米割台和大型玉米收获机上，由一对纵向斜置的摘穗板和拉茎辊组成。其特点是工作可靠，果穗咬伤率小，籽粒破碎率低。摘下的果穗中拉断茎秆较多，造成果穗含杂量高。

（1）拉茎辊。一般由前后两段组成。前段为带螺纹的锥体，主要起引导和辅助喂入作用。后段为拉茎段，其断面形状有四叶轮形、四棱形、六棱形等几种（图 2-4-13），其性能大致相同。拉茎辊的工作长度在各机型上差别较大，为480～1 100毫米，多数为 600～800 毫米；其直径为 80～102毫米，转速为 850～1 000转/分。拉茎辊的水平倾角与卧式

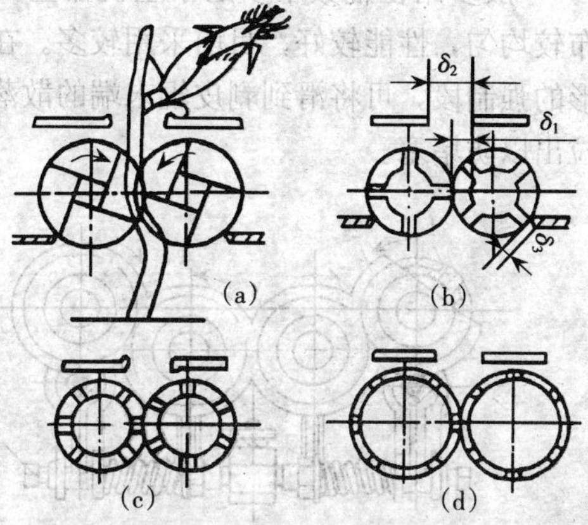

图 2-4-13 拉茎辊
(a) 四叶轮式 (b) 四棱形 (c) 六条圆肋式 (d) 六条方肋式

摘穗辊相近，为 25°～35°，拉茎辊的间隙可调，为 20～30 毫米。

(2) 摘穗板。位于拉茎辊的上方，工作长度与拉茎辊工作长度相同。为了减少对果穗的挤伤，将摘穗板的边缘制成圆弧形。摘穗板的间隙可调，入口为 22～35 毫米，出口为 28～40 毫米，具体尺寸根据果穗直径大小在使用中选定。

(四) 剥皮装置

剥皮装置用于剥除玉米果穗的苞叶，主要由剥皮辊、压送器及传动系统组成。剥皮装置利用 1 对相对转动的剥皮辊间的摩擦力抓取和剥除玉米果穗苞叶，为了使苞叶剥净，在果穗沿剥皮辊下滑的过程中，上方的压送器使果穗相对剥皮辊稳定地接触而又避免跳动。

1. 剥皮辊 剥皮辊是剥皮装置的主要的工作部件，其轴线与水平成 10°～12°倾角，以利于果穗沿轴向下滑。每对剥皮辊的轴心高度不等，呈 V 型或槽型配置，如图 2-4-14 所示。V 型配置的结构较简单，但果穗容易向一侧流动（因上层剥皮辊的回转方向相同），一般多用在辊数不多的小型机器上。槽形配置的果穗横向分布较均匀，性能较好，目前采用较多。在剥皮辊的下端设有深槽形的强制段，可将滑到剥皮辊末端的散落苞叶和杂草等从间隙中拉出以防堵塞。

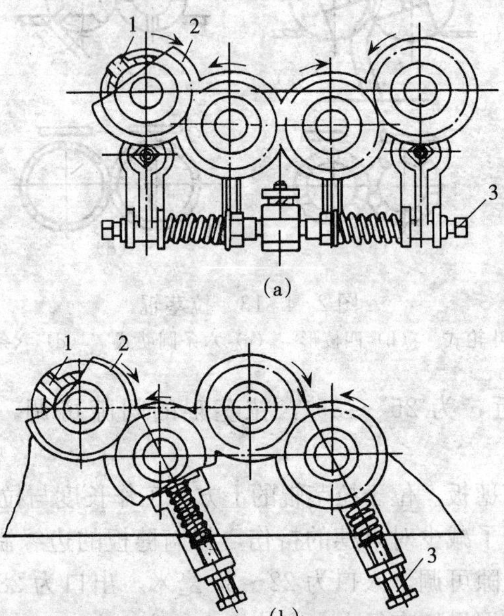

图 2-4-14　剥皮辊的配置

(a) V型排列　(b) 槽型排列

1. 剥皮辊　2. 剥皮辊轴承罩盖　3. 剥皮辊间隙调节螺钉

(1) 剥皮辊的材料及表面形状。剥皮辊常用的材料有铸铁和橡胶 2 种。剥皮装置有铸铁辊—铸铁辊、铸铁辊—橡胶棍、铸铁辊—铸铁、橡胶辊等组合方式，如图 2-4-15 所示。其中以铸铁辊—橡胶辊的组合方式剥净率高，对籽粒的啃伤率小，效果好。

铸铁辊的材料为 HT20-40 灰铸铁，其表面铸有不连续的螺旋突起，并在两螺旋突起间加装可拆卸的凸钉，以提高抓取能力，适应苞叶较紧、湿度较大的玉米穗，凸钉突出剥皮辊表面

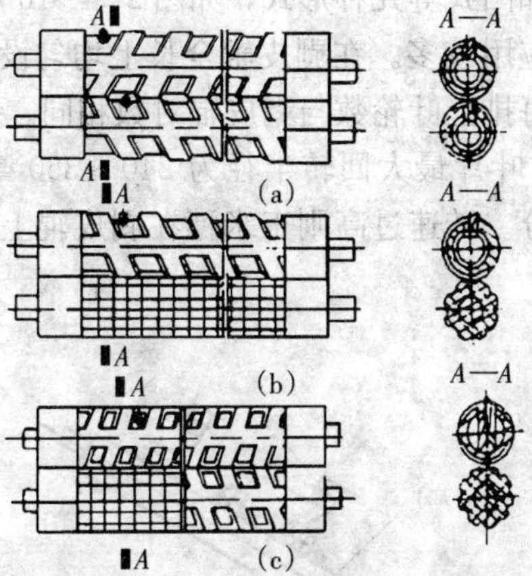

图 2-4-15 剥皮辊的组合类型

(a) 铸铁辊—铸铁辊 (b) 铸铁辊—橡胶辊 (c) 铸铁辊—铸铁—橡胶辊

1～2毫米。当果穗干燥，籽粒容易脱落和破碎时，则由下方向上逐次减少凸钉，以减少落粒和破碎损失。铸铁辊的造价低，制造方便，耐磨性好，使用寿命长。

橡胶辊由钢制芯轴紧套若干个橡胶环组合而成。橡胶环用耐磨性好的橡胶材料制成，橡胶环的表面具有深为 2～3 毫米的纵向凹槽。橡胶辊的抓取能力强，剥净率高，籽粒破碎少。对苞叶较松、湿度较小的玉米穗剥皮效果较好。

(2) 剥皮辊的配置。2 对或 2 对以上剥皮辊的配置方案用 V 形排列和槽形排列 2 种。前者用于玉米剥皮机，后者用于玉米摘穗剥皮机。当采用铸铁辊和橡胶辊组合时，一般橡胶辊在上，铸铁辊在下。为了增加剥皮辊对苞叶的抓取能力，上置的剥皮辊一般为胶制，表面具有凸棱，其抓取能力较强；下置的剥皮辊为铸铁制，表面具有螺旋形槽纹，并带有可拆卸的凸钉，既有利于果穗下滑又具有较强的抓取能力。

2. 压送器 剥皮辊的上方设有压送器，压送果穗有序下滑、平顺而无跳动的接触剥皮辊，以提高剥皮效率和效果。压送器有键式、叶轮式和凸式等几种形式，如图 2-4-16 所示。目前胶板叶轮式压送器应用较多。在剥皮辊全长上均匀设置 2～3 排，多至 4 轮叶轮；每排上叶轮数与剥皮辊对数相同。每个叶轮有 4～6 个橡胶叶片，叶片最大回转半径为 240～350 毫米；叶轮转速为 40～60 转/分。转速过高则玉米穗在剥皮辊上停留时间缩短，剥净率低。

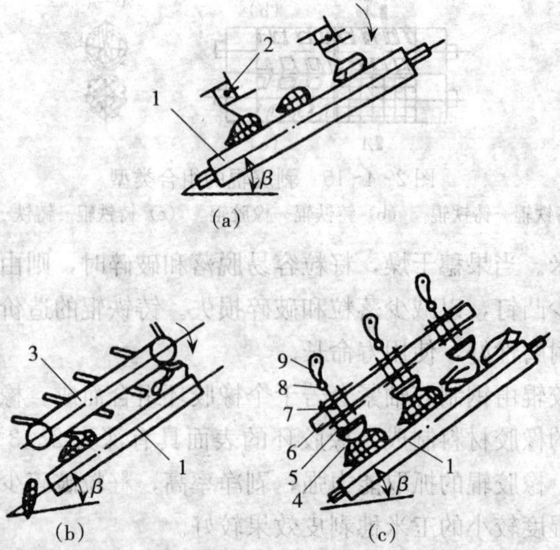

图 2-4-16　压送器

(a) 叶轮式　(b) 链式输送带　(c) 凸轮式式

1. 剥皮辊　2. 叶轮　3. 链式输送带　4. 压块
5. 挺杆　6. 板架　7. 弹簧　8. 滚轮　9. 凸轮

剥皮装置工作时，压送器缓慢地回转（或移动），使果穗沿剥皮辊表面下滑。由于每对剥皮辊对果穗的切向抓取力不同（上辊较小，下辊较大）果穗便回转。果穗在旋转和滑行中不断受到剥皮辊的抓取，将苞皮或苞叶撕开，并从剥皮辊的间隙中拉出。

（五）秸秆还田装置

秸秆还田装置主要由甩刀、定刀、刀轴、仿型辊和传动箱等组成。由于结构限制，一般挂接在拖拉机的后部，自走式玉米收获机也可挂接在底盘中部或玉米摘穗割台下部。功能是将玉米茎秆粉碎并抛撒在田间，如图 2-4-17 所示。

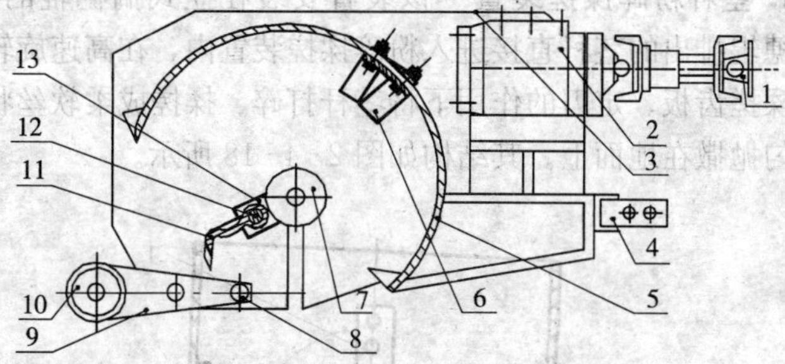

图 2-4-17　秸秆还田装置

1. 万向节　2. 传动箱　3. 侧板　4. 连接板　5. 罩壳　6. 定刀　7. 刀轴　8. 限位调节螺栓　9. 调节杆　10. 仿形辊　11. 甩刀　12. 销轴　13. 刀座

经过摘穗辊碾压后的茎秆，其上部多已被撕碎或折断，基部约有 1 米长左右仍斜立在田间，通过动刀与定刀相对高速旋转，将茎秆切碎。

切碎器的型式分锤爪式和甩刀式。工作时，由拖拉机动力输出轴传出的动力，经过万向节传给还田机的变速箱，经变速后由传动带传给切碎器的刀轴，刀轴带动锤爪获得高速旋转，茎秆在负压的作用下吸入切碎器将茎秆切碎，然后均匀抛撒到田间。为了不让高速旋转的甩刀在工作时接触土壤，造成磨损，秸秆还田机的后面设有可以调限位地轮。秸秆还田机的罩壳由钢板压制焊合而成，其他部件安装在罩壳上。挂接装置与拖拉机的液压提升臂相联。驾驶员可以通过拖拉机提升器上的手动换向阀控制秸秆还田机的起落，但要注意秸秆还田机起落高度，以免碰坏机件。

（六）秸秆切碎装置

玉米秸秆作为青贮饲料，切碎装置成为玉米联合收获机的主要工作部件之一。立辊式玉米收获机的最大特点是可实现茎秆多样化处理，通过更换不同的部件，可完成茎秆粉碎揉搓还田和茎秆切碎还田。

1. 茎秆粉碎揉搓装置 该装置安装在立式摘穗辊的后面，从摘穗辊排出的茎秆直接进入粉碎揉搓装置内，在高速旋转的转子和揉搓齿板、定刀的作用下将茎秆打碎、揉搓成柔软丝状，然后均匀抛撒在地面上。其结构如图 2-4-18 所示。

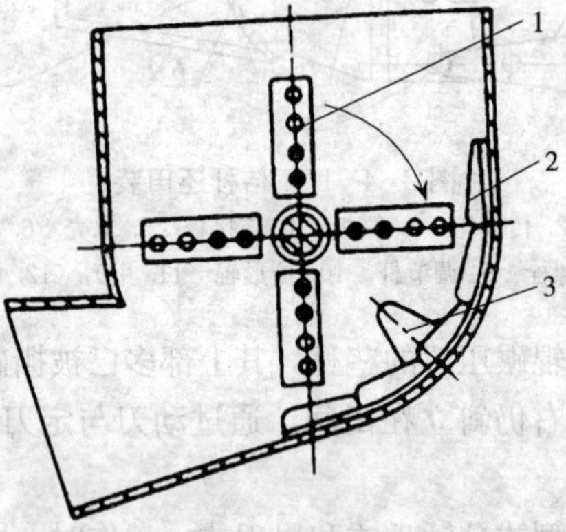

图 2-4-18 茎秆粉碎揉搓装置
1. 粉碎揉搓锤片 2. 揉搓齿板 3. 定刀

锤片在圆周上对称交错排列，锤片棱角磨损后可调头使用，当全部磨损后应更换新锤片。

揉搓板是该装置的关键零件，为实现对茎秆的揉搓作用，在圆周方向齿板厚由小到大变化，其高差为 10 毫米。这就使锤片和齿板的间隙发生变化。茎秆在圆周上作不等速圆周运动。

揉搓板齿形为三角形，倾斜角为 60°，左右揉搓板交替放置，茎秆在锤片的作用下，沿齿向运动。由于搓搓板左右交替放置，因此茎秆实际是沿圆周作之字形运动。使茎秆受到充分揉搓。经打碎并揉搓的茎秆变成细碎的丝状，还田后经翻地极易腐烂，能有效提高土壤肥力。

2. 切碎回收装置　目前应用在玉米收获机上的切碎装置来，主要有以下几种切碎方式：滚刀式、甩刀式、盘刀式和拉茎刀辊式。切碎装置主要有滚筒式和盘刀式两种。

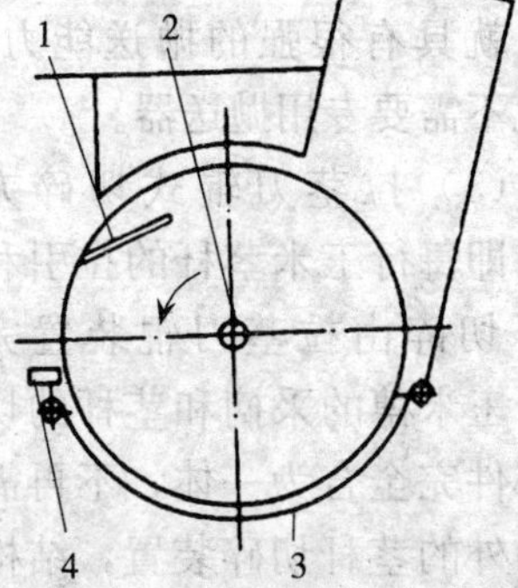

图 2-4-19　滚筒式切碎装置
1. 切刀　2. 切碎筒　3. 壳体　4. 定刀

（1）滚筒式切碎装置。主要由切碎滚筒、动刀、定刀和壳体等组成，如图 2-4-19 所示。切碎装置动刀刃的运动轨迹为圆柱面，它与定刀配合切碎茎秆。动刀和定刀之间的间隙可调，一般为 0.25～1 毫米。根据有无抛送功能又可分为直抛式和带专用抛送器 2 种型式。

图 2-4-20　直抛式切碎装

直抛式切碎装置的切碎滚筒除完成切碎茎秆外还有抛送茎秆的功能（图 2-4-20）。常用的有直刃圆弧曲面、直刃平面、螺旋线刃螺旋面等形状的刀片。

带专用抛送器的切碎滚筒只完成切碎茎秆，抛送由专门的抛送器完成。

（2）盘刀式切碎装置。主要由刀盘、动刀、定刀、抛送叶片和壳体等组成，如图2-4-21所示。动刀片大都采用直刃口，动刀片数量为 6～8 把，盘刀式切碎装置由于刚性较差，动、定刀间隙应比滚筒式切碎装置稍大一些。

在盘刀式切碎装置的刀盘上，在动刀之间径向安装抛送叶片或利用动刀座作为抛送叶片，就具有很强的抛送能力，因此不需要专用抛送器。

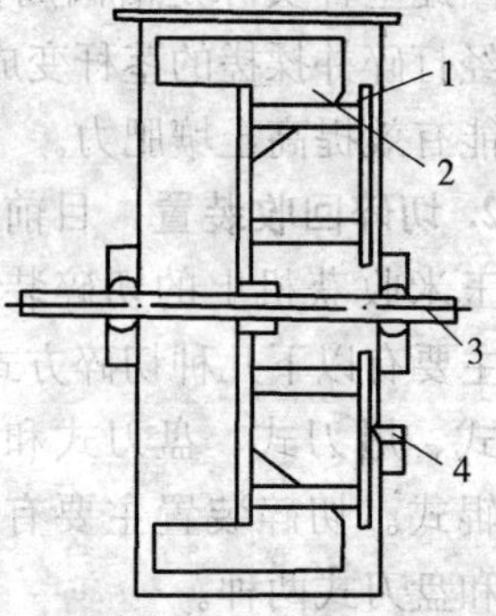

图 2-4-21　圆盘刀切碎装置
1. 动刀　2. 抛送叶片　3. 刀盘　4. 定刀

（3）拉茎刀辊式切碎方式。即每行玉米茎秆的拉引和茎秆切碎由拉茎刀辊装置完成，玉米穗的采摘和茎秆的切割部件完全合为一体，不再需要另外的茎秆切碎装置，结构简单、紧凑，质量小，动力消耗少。但只能切碎还田，不能回收，且切碎长度不容易控制，刀具加工较困难。

（七）输送装置

输送装置的功用是将玉米果穗、茎秆、苞叶、籽粒等运送到各工作部件，以完成各项工艺流程。常见的输送装置主要有螺旋推运器、刮板升运器等。

对输送装置的性能要求是简单、紧凑、可靠、功率消耗小，不损伤输送物料。在设计时应使输送装置与各工作部件或输送器之间的输送能力（通过量或生产率）能互相衔接，不致堵塞而影响整机的正常工作。

1. 螺旋推运器　螺旋推运器结构简单、工作可靠，能进行水平、倾斜和垂直输送。它既可以输送细小物料（如苞叶、籽粒），也可以输送茎秆（如在联合收获机的割台上），适应性较广。由于板式摘穗装置含杂较高，一般采用螺旋推运器来输送果穗。但输送时易使物料破碎，消耗功率比其他输送装置稍高。

螺旋推运器又叫“搅龙”，它由焊在轴上的螺旋叶片及外壳组成（图 2-4-22）。从一端喂入的物料，随着螺旋叶片的旋转，被推运到另一端。根据螺旋叶片的旋向或轴的转向，物料可向不同方向输送。

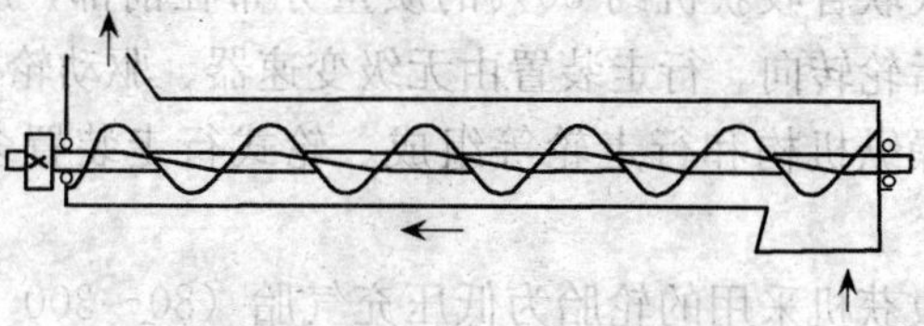

图 2-4-22 螺旋推运器

2. 刮板升运器 刮板升运器具有传动可靠、输送能力强、可大角度输送物料等优点，如图 2-4-23 所示。主要由升运器机体、主被动链轮、链条、刮板等组成。

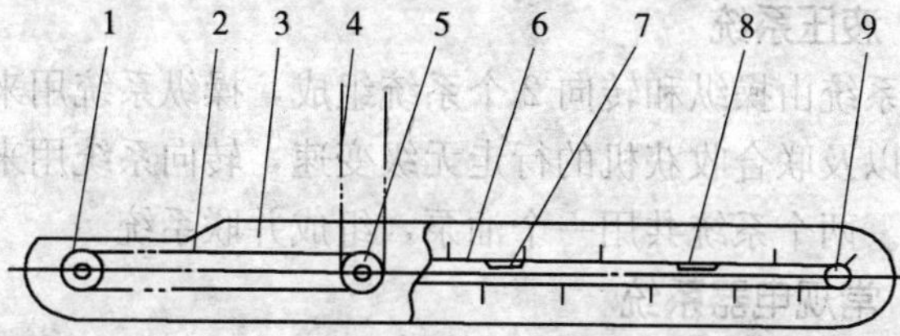

图 2-4-23 升运器

1. 主动链轮 2. 传动链条 3. 升运器机体 4. 输入链条 5. 输入链轮 6. 刮板链条 7. 托板 8. 刮板 9. 被动链轮

刮板输送器由回转的刮板将物料刮送升运，在外壳上端经排料口卸出。根据传动方式的不同，可分为上刮式和下刮式 2 种。上刮式：物料由刮板经过中间隔板的上方刮送出去，因为在出口处物料由上向下倾倒，所以卸粮干净，但容易在链条和链轮处夹碎物料，一般仅在垂直升运时应用。下刮式：物料由刮板经过下面的外壳刮运，从外壳上端送出，因此根据其升运速度必须在出口处配合一定的开口长度，否则容易将物料带回，造成卸料不净。下刮式一般在倾斜升运时应用。

（八）行走装置

由于联合收获机不需较大的牵引负荷，一般行走机构较主要是支承垂直载荷。行走装置有轮式、半履带式和全履带式3种。

自走式联合收获机约80%的质量分布在前部，所以采用前轮驱动、后轮转向。行走装置由无级变速器、驱动轮桥、转向轮桥、转向操纵机构和行走轮等组成。轮式行走装置多用于旱地作业。

轮式收获机采用的轮胎为低压充气胎（80～300千帕）和超低压充气胎（20～60千帕）。

行走装置都装有V型带无级变速器。变速器由液压操纵，可在作业中不停车无级变速。无级变速器的调速比，即被动轴的最大转速与最小转速之比 $i=2.5\sim3.0$。带轮槽角为26°，采用宽型V型带，带速不超过25～30米/秒。

（九）液压系统

液压系统由操纵和转向2个系统组成，操纵系统用来控制割台的升降以及联合收获机的行走无级变速，转向系统用来控制转向轮转向。两个系统共用一个油泵，组成并联系统。

（十）常规电器系统

玉米收获机的电气系统为直流24伏、负极接地的单线制。电气系统用于驾驶室内监测、控制柴油机启动，保持电压范围，防止用电设备和线路短路，控制载荷；供给仪表和电控仪器电源，为作业及行进中照明，提供良好的驾驶环境等。

电气系统中设备包括电源、控制和启动装置、照明装置、仪表和各种信号装置等。电气系统线路中的机器外壳、机架等作为回线，而与机器外壳、机架相联的是电源和用电设备的负极。

第三章

北方春玉米产区玉米生产机械化技术

第一节　北方春玉米产区玉米生产基本情况与种植制度

一、自然条件

北方春播玉米区主要包括黑龙江、吉林、辽宁、内蒙古和山西等省，是我国第一大玉米主产区。2008 年玉米播种面积约 1 200万公顷，玉米总产量7 130万吨，玉米种植面积和产量分别占全国玉米总面积和总产量的 40％和 43％。

北方春播玉米区属寒温带湿润、半湿润气候带，冬季低温干燥，无霜期 130～170 天。全年降水量 400～800 毫米，其中 60％集中在 7～9 月份。东北平原地势平坦，土壤肥沃，大部分地区温度适宜，日照充足，适于种植玉米，是我国玉米的主产区和重要的商品粮基地。玉米主要种植在旱地，有灌溉条件的玉米面积不足五分之一。该地区玉米产量很高，平均达到每公顷 26 吨左右。最高产量达到每公顷 215 吨。

二、种植制度

北方春播玉米区基本上为一年一熟制。种植方式有 3 种类型。

（一）玉米清种

约占玉米面积的 50%以上，分布在东北三省平原和内蒙古、陕西、甘肃、山西、河北的北部高寒地区。由于无霜期短，气温较低，玉米为单季种植，但玉米在轮作中发挥重要作用，通常与春小麦、高粱、谷子、大豆等作物轮作。这种情况在 1970 年以后发生了很大变化，由于玉米播种面积迅速增加，轮作倒茬已经很困难，因此发展成为玉米连作制。

（二）玉米大豆间作

约占本区面积 40%左右，是东北地区玉米种植的主要形式。玉米大豆间作，充分利用两种作物形态及生理上的差异，合理搭配，提高了对光能、水分、土壤和空气资源的利用率。玉米大豆间作一般可以增产粮豆 20%左右。

（三）春小麦套种玉米

20 世纪 70 年代以后，在陕西北部、山西北部和辽宁、甘肃、内蒙古部分水肥条件较好的地区逐渐形成春小麦套种玉米的种植方式。主要采用宽畦播种小麦、畦埂套种或育苗移栽春玉米的方式，一般可增产 20%～30%。

三、种植的主要玉米品种

北方春播玉米区实际上包括东北和华北 2 个地区。东北地区需要成熟期适中或较早熟、耐低温且丰产性好的品种。东北地区基本上没有病毒病和小斑病流行，但有大斑病和丝黑穗病，有时还发生玉米螟危害，因此要求抗这些病虫害。华北地区春播玉米遭受严重的病毒病危害，此外还有茎腐病、大小斑病等，因此对品种要求更严格。根据2008年统计，东北地区种植的主要玉米杂交种有郑单958、先育335、吉单37、九单48、龙单25、垦单10、绥育7、丹玉39、东单60、丰田6、长育16和咏育3号等。

四、生产条件分析

北方春播区发展玉米生产的有利条件是地势平坦，土层深厚，土质肥沃，光热资源较丰富。该区农业生产水平较高，玉米增产潜力很大，具有商品生产的优势。

本地区限制玉米增产的主要因素可概括为五个方面。一是产区集中，流通不畅，玉米收获后储、运、加工、销售都非常困难；二是秋霜早，气温低，籽粒脱水缓慢，降低质量等级和增加能源消耗；三是干旱少雨，灌溉设施和水资源不足；四是投入少，特别是肥料不足，氮磷钾比例不合理；五是缺乏稳产高产的新品种。本地区进一步发展玉米生产应采取稳定面积，提高产量的策略。

五、存在的主要问题

在新中国成立以来的60多年里，北方春玉米区产量水平的提高主要依靠平展大穗型杂交种推广、化肥与农药大量应用以及小型农机具的普及。但是，目前包括品种本身问题、栽培技术落后导致的品种遗传潜力不能充分发挥和资源利用率低下、长期小农户小机械和化肥农业导致的土壤肥力下降以及耕层质量变差等问题，已成为制约东北、华北玉米产量进一步提高的主要障碍因素。

（一）品种杂

北方春玉米区的品种问题比较突出。主要问题是：

1. 栽培品种混杂 北方春玉米的栽培品种多达300多个，播种面积最大的品种占玉米播种面积的10%以内，基本上无主栽品种而言。

2. 品种抗性较差 北方春玉米的主栽品种对水分与养分胁迫及病害的抗性不高，导致其稳产性较差。

3. 品种生育期偏长 多年来，由于北方春玉米主产区无霜期较短、波动性大，与生育期的矛盾较为突出，主栽品种的生育期相对偏长，籽粒的成熟度较差。

4. 品种增产潜力有限 在栽培技术水平不断提高的前提下，产量再提高的难度较大，增产潜力有限，耐密型品种较少，本区域自育产量达到或超过13 500千克/公顷的品种较少。

（二）病虫草鼠害严重

近年来，由于南方品种播种面积较大及玉米螟二代化等原因，导致春玉米区病、虫、草、鼠害发生程度明显加重，主要包括玉米螟、丝黑穗、叶斑病、灰斑病、茎腐病及鼠害等，上述危害对玉米生产造成极大的影响，保守性的估计，常年平均减产10%以上，严重发生年份减产程度将超过20%。

（三）资源利用效率低

多年来，北方春玉米地区农业生产中长期大量施用化学肥料，有机肥料用量减少，养分投入不平衡，氮肥一次性施用损失严重，施肥存在较明显的盲目性，土壤养分失衡现象日益严重，特别是钾肥施用不足，土壤钾素处于亏缺状态，化肥利用率低，化肥利用率平均在35%左右，其中氮为30%～35%，磷为15%～25%，钾为40%～50%。据估测，每年化肥损失数量达60万～80万吨。

北方春玉米区是我国典型雨养农业区，但同时是我国水资源匮乏区之一，公顷耕地水资源占有量不足全国平均水平的一半，已成为严重制约农业乃至整个国民经济可持续发展的瓶颈。同时，北方春玉米区80%的降水量集中在6～8月份，加之耕作技术落后导致土体对自然降水的接纳能力有限，造成季节性干旱明显，自然降水利用效率偏低，农业用水浪费严重，灌溉水的利用率仅40%左右，仅为发达国家的50%左右，灌溉水的生产效率不足1.0千克/米^3，远远低于发达国家2.0千克/米^{3}的水平。

（四）耕作技术落后

20多年来，北方春玉米区的耕作以小四轮拖拉机为主要动力，由于动力小、耕层浅导致土壤剖面构造发生了变化，形成了深厚与坚硬的犁底层，致使耕层有效土壤量锐减，接纳大气降水能力和抗逆性减弱，理化性状恶化，生产能力不断降低，导致黑土地力退化。

（五）土壤肥力下降

多年来，北方春玉米区素以“世界三大黑土区之一”著称于世，这里雨热同季，土地肥沃，土地生产能力高。但近20多年来，由于重用地轻养地，导致土壤肥力明显下降，特别是耕作制度与施肥制度的不合理，加剧了耕地质量的急剧下降，土壤剖面构造发生变化，耕层有效土壤量锐减，多年不施有机肥并且秸秆无法还田，土壤腐殖质层变薄，土壤接纳大气降水能力和抗逆性减弱，土壤养分不平衡、供应不协调，肥力降低。

（六）播种质量差

播种质量较差是北方春玉米生产中存在的主要问题之一，其主要原因是整地质量较差与播种环节的粗放，导致播种深度不一致、镇压强度低、种肥不分、均匀性差。其直接后果是出苗率和保苗率较低，种植密度偏低，“三类苗”现象严重，群体整齐度下降导致收获密度较低和小穗比例增大，降低产量。

（七）机械化发展不平衡

耕整地、播种、中耕机械化程度比较高，植保、收获机械化程度比较低，在玉米封垄后的植保机械化还是空白。农艺农机不配套致使一批先进的栽培技术在生产上得不到应用。玉米收获机械质量不过关，作业故障多，剥皮率低，由于北方春玉米多以高秆大穗为主，在夏播玉米区使用很好的收获机到北方春播玉米区几乎不能使用。

第二节 北方春玉米区玉米生产机械化工艺路线

一、耕整地机械化

2008年北方春玉米区玉米耕整地机械化水平达到92%，主要使用机引犁、浅翻深松犁、圆盘耙、深松机、灭茬机、灭茬旋耕起垄机等机具进行耕整地作业。实施以深翻（松）为基础，翻（松）、耙、压或灭、旋、起相结合的机械化耕整地工艺路线。近几年，在国家农业机械补贴政策带动下，58.8千瓦以上大马力拖拉机大幅增加，同时与大马力拖拉机配套的复式少耕整地机、灭茬旋耕深松起垄机、耕耘机等复式联合作业机具发展迅速，大大提高了玉米机械化耕整地质量。

二、播种机械化

2008年北方春玉米区玉米机播水平已达81%以上，为全国最高的地区，比我国平均玉米机播水平高16.6个百分点。主要使用2行或3行小型机械式精量播种机，实行一次进地完成玉米生产的开沟、施肥、播种、覆土、镇压联合的机械化播种工艺路线。机械式精量播种机的核心工作部件排种器主要是立式圆盘窝眼轮组合式，可完成玉米穴播，每穴2～3粒，也可完成大豆双行单粒播种，作业速度可达5千米/小时。该排种器优点是结构简单，造价低，已形成标准化专业化生产。缺点是种子适应性差，有磕种现象，不能进行高速作业。随着玉米播种由穴播向单粒精密播种方向发展，能够完成单粒播种的精密播种机使用量越来越大，核心工作部件排种器主要使用勺轮式排种器，结构比立式圆盘窝眼轮组合式排种器复杂，造价略高，但优点是种子适应性强，不磕种，可播催芽种，能实现单粒播种。该排种器仍不能进行高速作业。

近几年，随着大马力拖拉机的增多，部分农场和种植大户使用6行、7行、8行、9行和11行大型高速气力式精量播种机，与58.8～143.3千瓦拖拉机配套，一次进地可以完成玉米生产的开沟、施肥、单粒播种、覆土、镇压联合作业，变换作业状态，还可完成起垄、施肥、中耕等项作业。核心工作部件排种器以气吸式为主，可完成玉米、大豆、绿豆、葵花、甜菜等多种种子的单粒排种，适应性强，大小不一、形状不同的种子都可播，不磕种，可播催芽种，作业速度可高达10千米/小时，能够进行高速作业，达到国际先进水平。缺点是结构复杂，造价高。高速气吸式精量播种机性能先进，适应规模化玉米生产作业需要，可大大提高玉米播种作业质量。

三、植保机械化

北方春玉米区玉米植保作业主要使用与8.8～18.3千瓦四轮拖拉机配套的小型喷杆式喷雾机，药箱容积300升左右，喷幅6～8米，配防后滴扇形喷头，由拖拉机驱动药泵实现喷雾作业。喷药分苗前封闭除草和苗后除草和防虫，作业速度控制在4千米/小时左右，匀速前进，快了效果不好，慢了产生药害。小型喷杆式喷雾机缺点是“跑、冒、滴、漏”现象严重，喷雾作业均匀性较差，易产生药害、药剂残留超标、除草杀虫效果不好等问题。

部分农场和种植大户使用大型喷杆式喷雾机，药箱容积650～1 500升，喷幅12～18米，配防后滴扇形喷头，带喷杆高低调节机构，有的还配置了喷杆高低液压调节系统和喷杆自动平衡系统，制造质量较好，喷雾作业性能先进，能够满足玉米生产作业需求。由于没有高架自走式喷杆喷雾机，在玉米封垄后的植保机械化还是空白。

四、收获机械化

2008年北方春玉米区玉米机收水平9.2%，还不到10%，低于全国平均水平1.4个百分点。主要机型有自走式、背负式和牵引式3种。北方春玉米区玉米秸秆粗壮，棒子大，产量高，高产区亩产量在600千克左右，收获时玉米含水率在30%左右，直接脱粒收获后如不进行烘干无法保存，由于烘干设施少，烘干成本高，目前采取的机械化收获工艺路线是摘穗剥皮，收获后的玉米棒露天存放降水。收获时秸秆已变黄，均被直接粉碎还田。适合北方春玉米区使用的玉米联合收获机强度要高，“吞吐”能力要大，剥皮清杂能力要强。

背负式玉米联合收获机主要机型是3行，与58.8～74千瓦四轮拖拉机配套，一次进地完成摘穗、剥皮、秸秆粉碎联合作业。核心工作部件摘穗机构有辊式摘穗机构和拉茎辊与摘穗板组合式摘穗机构2种。辊式摘穗机构优点是摘穗过程中的果穗含杂率较低，但收获损失略大，籽粒破碎率偏高。拉茎辊与摘穗板组合式摘穗机构优点是收获损失小，籽粒破碎率极低，但摘穗过程中的果穗含杂率较高。拉茎辊与摘穗板组合式摘穗机构的玉米联合收获机，如果有较强的果穗输送能力和剥皮清杂能力，性能优于辊式摘穗机构的玉米联合收获机。背负式玉米收获机作业时大部分采取运输车伴走作业，收获的玉米棒直接装进伴走运输拖车里，有少部分作业先装到自带的集穗箱里，再由集穗箱卸到运输拖车里，这种作业方式效率低，机主不愿采用。配置的秸秆粉碎机有还田型和回收型，回收型应用很少，原因是黄贮饲料的营养不高，秸秆粉碎回收的洁净度不好，养殖户不愿用。

自走式玉米联合收获机主要机型是3行和4行，一次进地完成摘穗、剥皮、集箱、秸秆粉碎联合作业，速度快，效率高。核心工作部件摘穗机构主要是拉茎辊与摘穗板组合式。自走式玉米联合收获机要有很强的果穗输送能力和剥皮清杂能力，不然会经常出现堵塞现象而影响作业。黑龙江省垦区约有一半以上玉米直接进行脱粒收获，使用的玉米联合收获机是在麦豆联合收获机的基础上更换玉米割台，一次进地完成摘穗、剥皮、脱粒、秸秆粉碎联合作业。秋天进行脱粒收获时玉米含水率一般在30%左右，要进行烘干才能存放，为了降低生产成本，玉米采用脱粒收获时大部分都向后推迟收获期，让玉米在地里自然脱水，在玉米含水率达到20%左右时再收获。由于这时黑龙江已进入严冬，气温很低，已经上冻，收获后的玉米不用烘干也可以存放，节省了烘干费用。另外，在上冻后进行玉米收获作业不破坏垄型，第二年地表根茬清理后可原垄播种，节省整地费用。

第三节 北方春玉米区玉米生产典型机械化技术与机具介绍

玉米生产典型机械化技术主要包括机械土壤耕作技术、精密播种技术、机械深施肥技术、机械除草技术、机械收获技术。

一、土壤耕作技术

玉米是深根系作物，要求耕层有机质丰富，活土层深厚，土壤容重较低及保水保肥性能良好。玉米地的耕作，一是要为根系生长创造一个良好的土攘环境；二是为种子发芽提供一个良好的苗床；三是为提高播种、管理和收获质量奠定良好基础。

（一）土壤耕作对玉米生长发育的意义

土壤是玉米生长的基础，是决定农作物产量高低的主要因素之一。合理耕作可建立“土攘水库”，达到调节气候、蓄水保墒、熟化土壤、改善营养条件、提高土攘肥力、消灭杂草及减轻病虫害的作用，为玉米生育创造良好的耕层。

1. 土壤耕作对玉米生长发育的影响 虽然耕作本身不能直接向土壤添加养分、水分和能量，但是通过耕作改变耕层结构等土壤肥力因素，可以间接地提高土壤肥力。在土壤——玉米——气候系统中，土壤、气候和它们之间的相互作用，影响着玉米的生长发育。通过改善土壤的状况，可以发挥气候资源的优势或缓冲不良气候条件对玉米生长的影响。

所谓良好耕层结构，是指耕作深度范围内各土壤层次所组成的结构符合玉米生长发育的要求。其内容包括：土壤矿质与有机质和总孔隙度之间的关系；总孔隙中毛管孔隙与非毛管孔隙的比例关系。合适的比例使土壤形成一个自下而上的适宜的水分梯度和空气梯度，使土壤的空气和水分之间达到合理协调的运行关系。进而使土壤各层次的水、肥、气、热这四大土壤因素处于较高的有效肥力状态，有利于玉米的生长发育。

2. 玉米生长发育对土壤松紧度的要求 耕层的松紧度是耕层土壤孔隙总的表现。耕层土壤过于疏松，总孔隙度大，其中大孔隙占优势，这时虽然易耕，通透性强，但持水能力弱，土壤调节水分的能力差。此外，孔隙过多时好气性微生物活动旺盛，土壤有机质矿化强烈，造成土壤养分非生产性的消耗增多，土壤养分由于缺水，而难以供应。因此，轻质土要及时镇压，降低总孔隙度，提高毛管孔隙度。与此相反，耕层土壤黏性较重，土壤容重高，土层紧实，总孔隙度少时，其中非毛管孔隙低于总孔隙度的10%，会造成土壤通气不良，透水性能差，同样也会使土壤水分与空气的比例失调，不利于好气性微生物的分解活动，降低土壤养分的有效性，增大根系生长阻力，影响根系的生长。

我国北方春季多干旱，表层土壤水分经常接近凋萎点，常以气态水扩散失墒，影响种子发芽。因此，春播期间要求后种床紧实一些，以便引墒，增加表土的含水量，利于出苗整齐。到7～8月间进入雨季，是作物玉米生育旺盛时期，根系向深层生长，根系的呼吸作用和土壤微生物代谢活动消耗大量的氧，放出大量的CO_2，此时要求土壤疏松一些，以增强土壤气体交换和更新，促进根系生长。因此，此阶段应加强机械化中耕松土，改善各层次的土壤松紧情况，以有利于土壤通气和透水，蓄水排涝，增强土壤的抗逆能力。

（二）玉米的平翻耕法

平翻耕法以应用有壁犁，翻转疏松耕层为主体，使农田形成地面平整，耕层结构全部疏松的一种耕法。平翻技术以双向翻地犁、圆盘耙和镇压器配套组合进行。用翻地犁耕翻时，犁铲切入土壤，借犁壁翻转抛人犁沟，使土堡散碎成覆瓦状。耕翻作业一般以三年轮翻一次较为合理。

1. 耕翻的主要方法

（1）螺旋型犁壁耕翻。螺旋型犁壁耕翻即用螺旋型犁壁变换耕作层上下位置，翻转180°角。本法适用于开荒地和黏重潮湿多草的地块。要求翻土完全，覆盖严密，消灭杂草和野生植物作用强。

（2）熟地型犁耕翻。熟地型犁耕翻要求垡片翻转135°角，翻后垡片彼此相连，与地面呈45°角，后一轮上举的部分表层土壤紧附在前一轮翻出的土壁上，如覆瓦状。该种方式牵引阻力小，有较好的翻土和碎土作用，但垡片覆土不严密，灭草性能较差，在垡片接缝处常有杂草和根茬外露。

（3）复式犁分层翻垡。复式犁分层翻垡即将耕层上下分层翻转。其方法是在复式犁主垡上前方安装一个小铧，耕深约为主犁铧的一半，耕幅为主犁体的2/3。作业时，小犁桦先将上层约10厘米的表层上翻到犁沟中，翻转180°，再由主铧把10～25厘米的土层翻转135°，覆盖在前铧耕翻的土垡上面，起到分层翻垡的作用。该法的底土细碎无架空层，地面覆盖严密，翻地质量较高。

（4）心土混层犁翻垡。这是针对白浆土耕层浅、下有白浆层的特点而进行的一种耕翻技术。主要是有上下两层铧，下层铧翻转的土层不覆盖上层翻转的土层，只是在上层铧翻转土层下面，不让白浆层的土进入耕层上层，只是在耕层下层进行搅拌，达到白浆土改良的目的，对白浆土改良效果明显。

2. 耕翻深度 翻地的深度应根据不同耕层深度和土壤质地确定耕翻深度，一般在20～22厘米，耕层薄的土壤可降低至18～20厘米，耕层深、有机质较高的土壤可深翻达22～24厘米。同一地块不同年份，不宜采用同一深度，避免形成犁底层。此外，耕翻深度还应该考虑下层土壤中是否存在有害物质（如盐分或白浆层等），应防止将有害物质翻到表土层上面。

3. 平翻耕法的优缺点 平翻耕法的优点是铧式犁平翻效率高，是翻地的有效手段；可以消灭多年生杂草；可以翻压绿肥和秸秆还田；整地质量较易达到要求的水平。平翻耕法的缺点是加剧风蚀；破坏土壤结构；加重干旱；生产成本高。

4. 平翻耕法的主要机具

（1）双向翻转犁。双向翻转犁与拖拉机配套使用（图3-1），可在未耕原茬地上进行深层土壤和浅层土壤的翻动作业。与普通翻地犁相比增加了一组工作部件和机架翻转机构，通过翻转可以实现双向往复作业，没有沟堑，作业效率高。主要由机架、翻转机构、犁体、犁体装配、限深轮等部分组成。主要技术参数：

犁铧个数：1铧、2铧、3铧、4铧、5铧；

犁体幅宽：35厘米；

翻地深度：18～28厘米；

作业速度：4～6千米/小时。

（2）浅翻深松犁。浅翻深松犁与拖拉机配套使用（图3-2），可在未耕原茬地上进行深层土壤的松动和浅表层土壤的翻动作

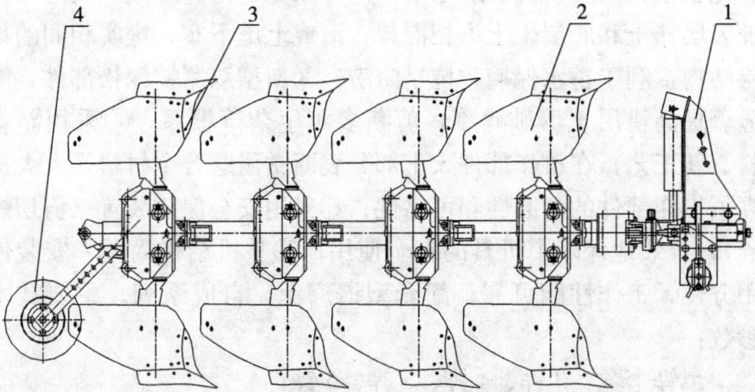

图 3-1　1LF-435 型高速双向翻转犁结构简图

1. 翻转机构　2. 机架　3. 犁体　4. 限深轮

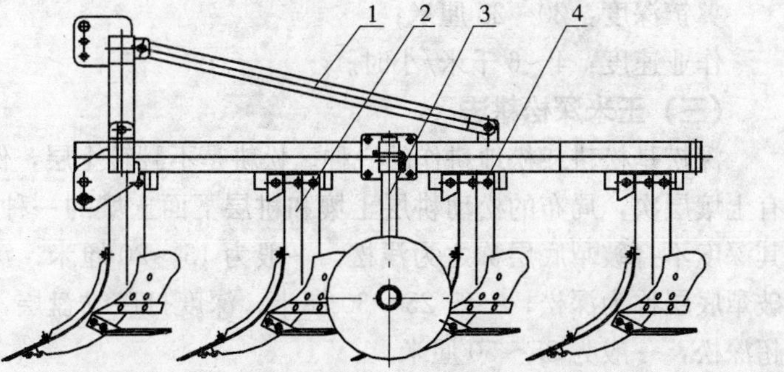

图 3-2　1FSL-535 型浅翻深松犁结构简图

1. 机架装配　2. 浅翻深松部件　3. 地轮总成　4. 安全保护装置

业，卸去浅翻犁铧后则成为深松机，可完成全面深松作业，主要由机架、浅翻深松部件、地轮总成和安全保护装置组成。

该机主要特点如下：①将深松铲与犁铧有机地结合起来，可同时完成深松浅翻联合作业，使得本机的适用性更加广泛，作业质量明显提高；②浅翻深松作业即可打破犁底层，加深耕作层，熟化土壤，又可耕翻表层土壤，掩埋根茬，松碎土壤，同时又保证表层熟土和底层生土不相混拌，形成上虚下实，虚实相间的耕层结构，利于蓄水保墒，抗旱防涝；③新型双翼铲深松部件，能显著提高耕层土壤破碎率，剪断多年生杂草根系；④采用新材料、新工艺，在耕作部件入土部分表面粘耐磨合金材料，大大提高了工作部件的耐磨性和可靠性；⑤采用安全保护装置（剪切螺栓），有效地保障了机具的安全使用；⑥整机结构简单，安装使用方便，工作性能可靠，配套型谱广泛，自成系列。主要技术参数：

犁铧个数：3 铧、4 铧、5 铧、6 铧；

单行幅宽：35 厘米；

深松深度：30～35 厘米；

浅翻深度：14～16 厘米；

翼铲深度：20～25 厘米；

作业速度：4～6 千米/小时。

（三）玉米深松耕法

深松是松耕或松地耕作的一种。松耕是不翻转土层，保持原有土壤层次，局布的松动耕层土壤和耕层下面土壤的一种耕作。其深度不打破犁底层称之为浅松，一般为 15～20 厘米；深度打破犁底层称为深松，一般 25～30 厘米；深度打破黏盘层，称为超深松，一般为 35～50 厘米。

在长期运用平翻耕法或垄作耕法后，在耕作层与心土层之间都形成了一层紧硬的、封闭式的犁底层。犁底层的厚度可达 6～10 厘米。它的总孔隙度比耕作层或心土层减少 10%～20%，阻碍了耕作层与心土层之间水、肥、气、热梯度的连通性，降低了土壤的抗灾能力。同时，作物根系难以穿透犁底层，根系分布浅，吸收营养范围减少，抗灾力弱，易引起倒伏旱衰等，以致影响提高产量。因此，消灭犁底层成为重要的措施。除了人为造成的犁底层需要人为措施去消灭它以外，在土壤自然形成时，在土层30厘米以下，也有形成难透水气的黏盘层，为了增强土壤和作物的抗灾能力，也需要采取人为措施消除它，深松就是这样一项改造土壤的农艺技术。

1. 深松耕法的作用　机械化深松就是用机械手段实现深松农艺要求。分为全方位深松和间隔深松。全方位深松用于全面松动土壤，深松的深度为25～30厘米。间隔深松用于创造虚实并存的耕层构造。一般采用凿式深松铲，破碎犁底层效果好。在机械化深松作业应用上要注意与轮作制相适应，选好深松的年份和茬口。机械化深松的作用主要表现在：

（1）提高了土壤的贮水能力。间隙深松打破了犁底层，使土壤透水性增强。实验表明，在5～9月降雨376.6毫米条件下，深松耕法贮水深度达到110～150厘米，而有封闭式犁底层，贮水深度只达60厘米。贮水容量增加了15%左右。底土层贮水多，利于次年雨季前的抗旱，即变伏、秋降雨为春墒，使土壤水分分布较平稳。深松后的土壤能迅速的接纳降水，在降瀑雨、急雨时，减少了水的径流和表土流失。

（2）形成良好的耕层构造。深松耕法的耕层构造使作物根系的密集层加厚，根系可随土壤含水量情况自由的向实或松的部位伸展，而且可以从深松部位向底土层生长，其根量比未深松的增加3倍。由于有较多的根系留在土壤中，使土壤有机质下降较缓和。深松使底层土在原地熟化，可经济的使用土壤肥力，防止非生产性消耗。由于不打乱原有土壤层次，使肥沃的土层保持在有利于作物根系生长密集的部位，而播种时，将种子播在熟土上，有利于种子发芽和幼苗生育。

（3）增加了农作物产量。经黑龙江省多年对深松增产效果的认定，深松同连年浅层垄耕和连年平翻（形成了犁底层）相比，作物产量在深松当年可增加8%～10%，而次年可增加10%～20%，并可提前成熟。据黑龙江省双城市测定，深松地块的玉米比没有深松整地的地块的玉米主根长出74厘米，次生根多出20

根，百粒重增加 1.4 克，亩增产 156 千克。黑龙江省牡丹江垦区从 1973 年开始推广深松耕法，到 1988 年 15 年时间里，通过试验和生产实践证明，用小铧杆尺深松犁（即用五铧犁架子，原装小铧位置仍装小铧，原装大铧位置改装凿形深松铲）进行浅翻间隔深松，（浅翻 7～8 厘米，间隔 35 厘米，深松 20～35 厘米），其增产效果稳定，抗旱、抗涝效果好。还可以减轻土壤风蚀和水蚀。1980—1985 年在八五一零农场种小麦 12 个点次试验调查，浅翻间隔深松比平翻亩增产 9～65.75 千克，平均增产 34.35 千克，平均增产幅度 21.6%。种大豆 5 个点次试验，平均增产 27.15 千克。平均增产幅度 19%，各农场生产实践都有同样的增产趋势。

2. 深松耕法的优点 深松耕打破犁底层，加深耕层；正确地利用了耕层土壤“上肥下瘦”的规律，发挥了土壤的增产潜力；节省费用，可减少耕作次数，提高效率，降低生产成本；以间隔深松为特征的深松耕法，能创造一个“虚实并存”的耕层构造。第一，能协调耕层土壤中的矿质化过程和腐殖化过程，做到养分的释放和保存兼顾，用地和养地结合；第二，既能以“虚”大量蓄水，又能以“实”保证及时供水，能从根本上改变土壤的水分情况；第三，耕层土壤中大孔隙和小孔隙的比例适当；第四，可以使土壤中的水分和空气比例协调，有助于土壤的热量平衡。

3. 主要机具 深松耕法的主要机具有松耙机、复式少耕整地机和全面耕耘机。

（1）松耙机。该机一次进地可完成对土壤的深层深松、耙耕破碎土壤作业，使土壤达到播前整地状态（图 3-3），可用于旱田的春、秋整地，也可单独对水田进行深松作业，由支承轮、机架、深松铲、耙架、耙等部分组成。主要特点如下：①新型双翼铲深松部件，能显著提高耕层土壤破碎率，剪断须根，防止土壤板结；②本机在原有深松功能的基础上，增加了新功能，即将深

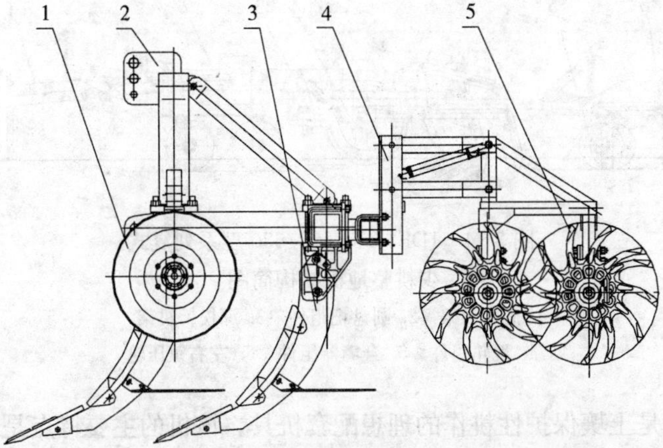

图 3-3　1SB-570 型重型松耙机结构简图

1. 支承轮　2. 机架　3. 深松铲　4. 耙架　5. 耙

松与耙有机地结合起来（可进行联合作业，也可进行单项作业），使得本机具有更广泛的适用性，碎土效果好，耕后不散墒，地表平整。而作业质量明显提高；③采用新材料、新工艺，在耕作部件入土部分表面粘耐磨合金材料，大大提高了工作部件的耐磨性和可靠性。主要技术参数：

深松铲数：3 个、5 个、7 个、9 个；

作业行距：60～70 厘米；

深松深度：30～40 厘米；

耙耕深度：8～12 厘米；

运输间隙：＞40 厘米；

作业速度：4～6 千米/小时。

(2) 复式少耕整地机。该机与拖拉机配套使用（图 3-4），一次作业即可完成灭茬碎土、耕层浅松、底层深松、整平合墒、镇压碎土等项作业，由牵引架装配、圆盘耙组件装配、深松铲机架装配、地轮组件装配、合墒器组件装配、左右镇压总装配组

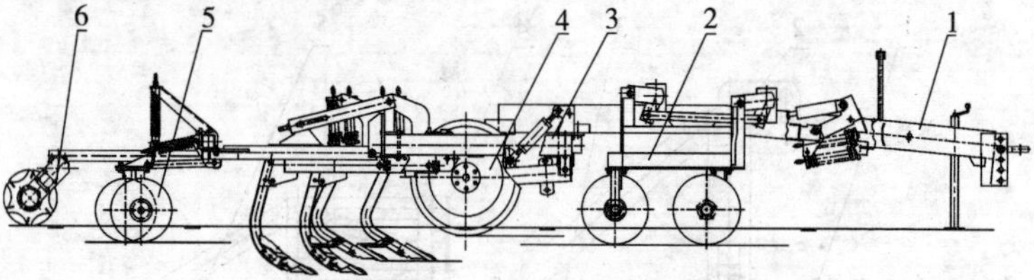

图 3-4　1DF-350/500/630 型系列复式少耕整地机结构简图

1. 牵引架　2. 圆盘耙组件　3. 深松铲机架
4. 地轮组件　5. 合墒器组件　6. 左右镇压轮

成，是土壤保护性耕作的理想配套机具。该机的主要特点是一机多架，一架多具，联合作业，通用性强。主要技术参数：

作业幅宽（米）：3.5、5.0、6.3；

耙地深度（毫米）：80～125 可调；

浅松深度（毫米）：200～250 可调；

深松深度（毫米）：300～350 可调；

合墒深度（毫米）：80～120 可调；

作业速度（千米/小时）：4～6。

（3）全面耕耘机。该机与拖拉机配套使用（图 3-5），可在未耕软茬地或已深松、深翻后的土地上进行精细整地，主要由机架装配、中间支承轮装配（右）、中间支承轮装配（左）、左侧支承轮装配、右侧支承轮装配、耕耘铲装配、弹齿装配（2）、弹齿装配（1）、弹齿装配（1）a、弹齿装配（2）a、镇压机构装配组成。一次进地即可对整个工作幅宽内的土壤进行松土、除草、碎土、镇压联合作业。作业后的土壤表层细碎、平整、紧实，为播种创造优良的种床环境。主要技术参数：

作业幅宽（米）：6.3、7.4；

耕耘铲间距（厘米）：16；

松土深度（厘米）：8～15；

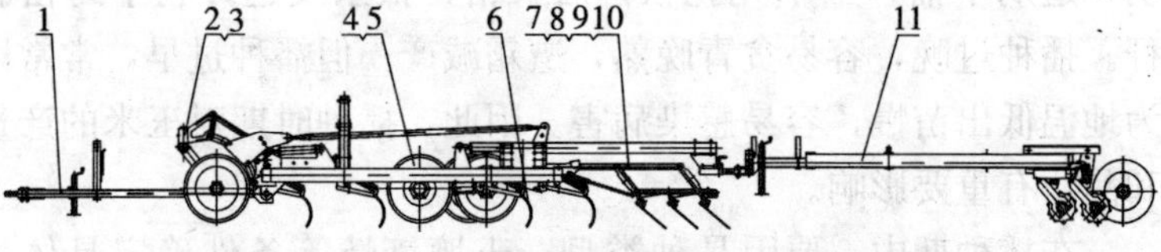

图 3-5 1GY-6300 型全面耕耘机结构简图

1. 机架装配 2. 中间支承轮装配（右） 3. 中间支承轮装配（左）
4. 左侧支承轮装配 5. 右侧支承轮装配 6. 耕耘铲装配
7. 弹齿装配（2） 8. 弹齿装配（1） 9. 弹齿装配（1）a
10. 弹齿装配（2）a 11. 镇压机构装配

弹齿间距（厘米）：8；

弹齿深度（厘米）：5～10；

作业速度（千米/小时）：6～12。

二、机械精量播种技术

一次播种保全苗是实现玉米高产、稳产的前提，采用机械化精量点播技术可以使玉米植株布局合理，扩大绿叶与光的接触面积，提高光合作用的速度，扩大根与土壤的接触面积，有效地利用土壤养分，从而增加玉米植株干物质积累，实现增花、保穗、增籽、高产。玉米种植方式和播种方法较多，但最常用、应用范围最广的是机械精量点播，主要播种机具分为机械式和气力式 2 种。主要机具有 2BJ-2/3 型小型精播机、2BJ-4/6/8 型精播机、2BJQ-6/7/8/9 型气吸式精播机等。机械式玉米播种机一般是穴播机，每穴粒数为 1～3 粒，以窝眼式排种器使用最为广泛。玉米播种机工作行数有 2、3、4、6、7、8、9 行等多种，可与12～180 马力的各种拖拉机配套使用，一般采用三点悬挂装置，挂接在拖拉机后部，动力由地轮提供。

（一）播种时期

东北地区玉米的播种期一般在 4 月中旬到 5 月中旬。实践证明，适期早播，玉米先扎根，后长苗，根系发达，利于蹲苗壮秆。播种过晚，容易贪青晚熟，遭霜减产；但播种过早，常常因为地温低出苗慢，容易感染病害。因此，播种时期对玉米的产量和品质有重要影响。

在播种期内，要因品种类型、土壤墒情等条件确定具体播期。如中晚熟品种应适当早播，以便保证它在霜前成熟；早熟品种就应适当晚播，以便使其发棵壮苗，提高产量；土壤墒情较差的地块，应当抢墒早播，播后及时镇压；对土壤墒情好的地块应具体分析，以选定最佳播种期。

（二）播种密度及播种

1. 决定密度的因素

（1）品种。主要根据植株的繁茂程度来确定，植株高大繁茂，分枝多的品种，适于较小的密度；植株矮小繁茂性差，分枝差的品种适于较大的密度。

（2）肥水条件。一般情况下，同一品种玉米在肥水条件较好时，植株生育繁茂，密度宜小一些；相反，肥水条件差时，密度宜大一些。

（3）种植方式。机械精量点播也有大垄与小垄、双行与单行、窄行密植及“大垄密”等不同种法。为了更好地利用光、热、气等自然资源，随着种法的改变，密度要相应地改变。

（4）气候因素。一般情况下生育期长、气候温和、生长发育较慢的，播种密度小一些；而生育期短、气温炎热、植株发育快的，密度适当大一些。

2. 播种量

（1）播种量计算方法。无论哪种播法都可以按照公顷保苗株数要求，根据种子的百粒重、发芽率、净度、田间损失率计算出播种量。其计算公式：

$$Q=ZG/ab \quad 10^5 \ (1-P)$$

式中：Q——每公顷播种量（千克）；

Z——公顷保苗株数（株）；

G——百粒重（g）；

a——发芽率（%）；

b——净度（%）；

P——田间损失率（%）。

实际播种量与要求播种量误差不得超过3%。

（2）播种量调试和计算。根据播种机主动轮周长、行走转数及播幅计算出测试面积，然后按公顷播种量要求进行测算。调整播种量的步骤如下：①将播种机架起，使行走轮离开地面；②向种子箱内倒入不少于1/3的种子；③转动行走轮2～3圈，使排种器充满种子；④在每个排种口挂一个布袋，按顺序编上号码，以便称重；⑤按规定圈数与速度，转动播种机行走轮，将各排种口排出的种子称量。要求各排种口播量均匀，误差不超过4%。如误差过大，要进行调整；⑥在各排种口播量一致的基础上，调整好播种量。测算公式：

$$X=Q\cdot W\cdot L\cdot B/10^4$$

式中：X——测算面积用种量（千克）；

Q——公顷播种量（千克）；

W——播幅（米）；

L——主动轮周长（米）；

B——主动轮转数（转）。

（三）田间配种

为了保证播种量准确，并提高播种效率，要按照地块长度、亩播种量与种子箱容量，计算出加种地点及每点上的种子数量。一般应在地头一端配种，如地块过长，种箱所装种子不足一个往复时，可在地块两头配种。配种时，应采取“定量装袋，等距加种，往复核对，班次复核，地号结清”的方法，以便根据种子消耗情况，检查播量是否合乎要求，如发现差错及时调整。

（四）播种质量

播种质量是实现一次播种保全苗的关键，保证播种质量主要做好5个环节的工作。

1. 控制播种速度 播种时要速度均匀，人不离机。做到下籽均匀，不离位，不断条。

2. 播种深度 根据土壤水分和土壤质地情况确定，以镇压后计算，黑土区播种深度3～5厘米，白浆土及盐碱土区播种深度3～4厘米，风沙土区播种深度5～6厘米。做到播种深浅一致，籽贴湿土。

3. 镇压 随播种，随覆土，随镇压，做到覆土严密，镇压适度，无漏无重，抗旱保墒。

4. 播种尺度 垄上播种要对准垄顶中心，偏差度不超过3厘米；随播随起垄，要掌握好方向，垄台间距误差不超过2厘米，50米长播行直线误差不超过5厘米。

（五）播种量检查

（1）顺垄拨开表土，检查每米间落粒数和深度是否合乎要求。

（2）用样板尺检查种间长度是否一致。

（3）根据播种一个往复的面积，检查所耗种子量与计算播种量是否相符。

（六）播种前后的镇压

1. 播前镇压 播前镇压要求地面平整，表土与心土紧密结合，以便保墒和控制播种深度。如土壤墒情良好，土质黏重，也可不进行播前镇压。

2. 播后镇压 为了压紧土壤，使土壤与种子紧密接触，以利于种子发芽出苗，要进行播后镇压。在干旱地区播后镇压就显得尤为重要。在风蚀严重的地区，播后镇压还有防止风蚀的作用。

（七）气吸式精密播种机

气吸式精密播种机适合于平原或丘陵地带的旱田作物区使用

（图3-6），可进行玉米单条或大豆双条的精量播种作业。通过更换不同孔径和孔数的播种盘，还可单条播种高粱、甜菜、向日葵、白瓜子、花生等多种作物。由支承轮总成、施肥部件、划印器总成、机架总成、肥箱总成、风机总成、主吸气管、传动系统、脚踏板、覆土装置（或除障器）、种箱、气吸式排种器、开沟圆盘、犁铧组件（或覆土圆盘总成）、镇压机构等主要零部件组成，一次进地即可完成：施肥滑刀开沟分层施肥→除障器平整种床→双圆盘开沟→精密播种→圆盘覆土→镇压轮仿形镇压联合作业。通过更换工作部件和改变安装方式，既可垄作播种又可平作播种，既可单条精密点播又可双条精量播种，既可进行施肥播种作业又可用于中耕追肥培土作业。气吸式排种器种子适应性

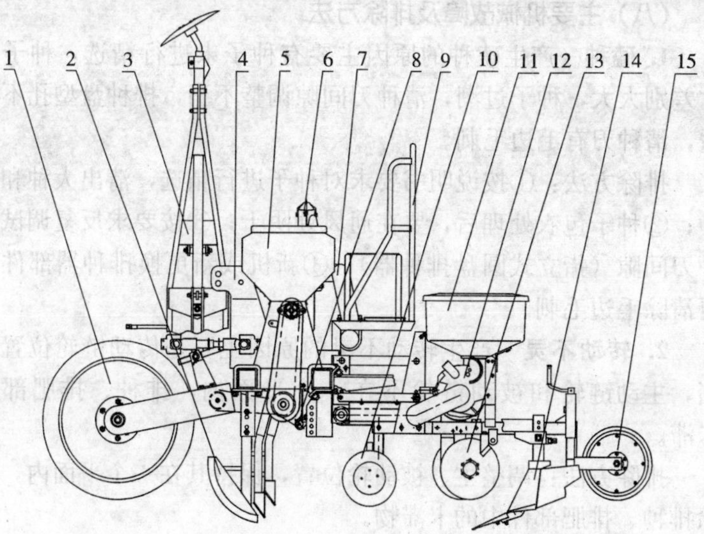

图3-6　2BJQ-11型高速气吸式精密播种机结构简图
1. 支承轮总成　2. 施肥部件　3. 划印器总成　4. 机架总成　5. 肥箱总成
6. 风机总成　7. 主吸气管　8. 传动系统　9. 脚踏板
10. 覆土装置（或除障器）　11. 种箱　12. 气吸式排种器
13. 开沟圆盘　14. 犁铧组件（或覆土圆盘总成）　15. 镇压机构

强，可实现每小时10 000米高速播种。播种单体组件采用了平行四杆后仿形机构，开沟、覆土和镇压全部采用滚动部件，田间通过性能好，各行播深一致。配备有滑刀式开沟施肥部件，采用分层施肥。风机采用了一级传动的先进技术，噪声小、吸风量大、负压值高、工作可靠。采用单作用油缸液压起落式划印器，并采用了三角斜拉伸缩套管式转臂梁和自动卡套限位机构，结构简单、安装调整方便。播种、施肥传动系统全部采用了六方传动轴和内六角外球面滚动轴承及套筒滚子链，具有刚性好、自动调心、传动阻力小、工作可靠的优点；同时采用了塔轮式变速播量调节机构和螺杆轴套式肥量调节机构，提高了种、肥播量调节的方便性和准确性。

（八）主要机械故障及排除方法

1. 磕种 产生磕种的原因主要有种子未进行精选，种子尺寸差别太大，种子过潮，清种刀间隙调整不当，排种盘型孔不合适，清种刀有毛边毛刺。

排除方法：①按说明书要求对种子进行精选，清出大种和小种；②种子包衣处理后，要在通风处阴干；③按要求反复调试清种刀间隙（指立式圆盘排种器）；④新机或新更换排种器部件的要清除毛边毛刺。

2. 转动不灵 产生转动不灵的原因主要是传动链轮位置不当，主动链轮和被动链轮不在一个平面内，排种、排肥部件卡滞。

排除方法：调整主、被动轮位置，保持其在一个平面内，清除排种、排肥部件中的卡滞物。

3. 空穴率高 产生空穴率高的原因是：①排种部件型孔堵塞；②种箱内种量不足；③排种辊清种毛刷过长；④种子过潮。

排除方法：①清除排种型孔杂物；②向种箱及时添加种子；③更换或剪短毛刷；④晒干种子。

4. 排种过多 产生排种过多的原因：①排种辊（盘）型孔

直径太大；②清种毛刷失效，清种刀间隙过大；③梳刷片安装不到位或变形。

排除方法：①更换排种辊（盘）；②检查清种毛刷工作情况，调整清种刀间隙；③重新安装或校正梳刷片。

5. 排肥量变小或不畅　产生排肥量变小或不畅的原因是：排肥轮外槽被面状肥料填充，排肥轮入口处被潮解肥块堵塞，施肥铲出肥口堵塞。

排除方法：筛出面状肥或潮解结块肥，及时清理施肥铲处泥土或杂物。

三、机械施肥技术

（一）施肥方法

用中耕施肥机在中耕起垄时，将肥料装入播肥箱内，通过主动轮转动带动播肥齿轮转动，将肥均匀施下。施肥深度控制在种下 5～10 厘米，有利于土壤保水和对肥料的缓慢吸收。

（二）施肥量测算

保证按技术规定的施肥量，是发挥肥效，提高产量的重要一环。在播种前要计算和调整好施肥量。具体可参照种子播种量的测试方法。

（三）施肥量与施肥时间

根据土壤有机质、速效养分含量、以往施肥实验结果、肥料供应水平及所种品种喜肥程度，具体确定各地的施肥量。供参考的经济有效纯量和氮磷钾比例：商品量（美国二氨，尿素，氯化钾，其他肥料自行换算）15～20 千克，N：P：K＝1：1.2～1.5：0.5～0.7，岗地白浆土多一些，草地白浆土次之，草甸土最少。分两层施入垄体，一层为种肥，种下 3～5 厘米，可施磷酸二铵 3～5 千克，余下施入种下 8～12 厘米的第二层，最好分层、分箱施肥。深、窄、密应增加 20％的肥料量。

（四）玉米深施化肥技术

玉米根系在土壤中分布比较广，将肥深施在土壤中，可与根系较大面积接触，从而提高化肥的利用率。

深施化肥的具体方法：秋深施肥，通过秋天机械整地深施与破垄夹肥；春深施肥，通过播种深施与春整地深施。这两种施肥方法都可以使肥与根充分接触，满足全生育期需要，提高肥料利用率的目的，特别是秋深施肥更为理想。化肥深施入土壤，经过秋、冬、春漫长的转化，氮肥转化成铵离子或硝酸离子，被土壤均匀吸附，氮肥转化成了土壤中的速效氮。这样可以缓慢供给玉米生长，达到增产的目的。

（五）玉米追肥技术

玉米追肥机械化一般与中耕除草结合在一起同时进行。由于玉米播种的特点，基肥往往施用量不足，在玉米不同生长期，结合中耕适时追肥对培育壮苗获得高产至关重要。一般在中耕机具上加装一套施肥装置，一次完成中耕培土、施肥、覆盖等作业。

（六）施肥中耕机

施肥中耕机与拖拉机配套使用（图 3-7），既可施肥中耕，又可进行秋后施肥起垄作业。机架采用了双梁矩形框架结构，强度大，刚性好，不变形。整机配置协调紧凑，组件布局合理有序，安装调整方便快捷。中耕单体组件采用了平行四杆后仿形机构；仿形和破茬采用滚动部件；整机田间通过性能好，调整简便精确。中耕部件两侧安装有挡板式护苗器，可有效防止对青苗的损伤和覆盖。配备有滑刀式开沟施肥部件，开沟、脱土性能好，能有效防止部件损坏和拖堆堵塞。采用单作用油缸液压起落式划印器，并采用了三角斜拉伸缩套管式转臂梁和自动卡套限位机构，结构简单、安装调整方便、使用可靠安全。施肥传动系统全部采用了六方传动轴和内六角外球面滚动轴承及套筒滚子链，具有刚性好、自动调心、传动阻力小、工作可靠的优点；同时，采用了螺杆轴套式肥量调节机构，提高了肥播量调节的方便性和准确性。

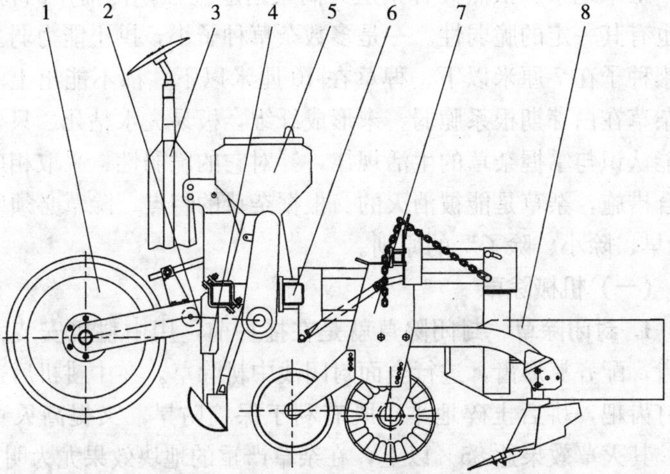

图 3-7　3ZQ—6/7/8/9 型施肥中耕机结构简图

1. 支承轮　2. 中间传动系统　3. 划印器　4. 施肥部件
5. 肥箱　6. 机架　7. 中耕单体　8. 护苗板

四、机械除草技术

北方春玉米区杂草种类很多，如稗草、廖吊子、灰菜、苍耳、间荆、刺儿菜等。这些杂草随着气温的变化以及墒情的好坏分期分批出土，前期密度较小，危害较轻。4 月末至 5 月初，气温上升至 5～12℃时，灰菜、廖吊子、间荆等大量出现。5 月末至 6 月中旬，气温稳定在 10℃以上，稗草、狗尾草、苍耳等大量萌发。这批杂草密度大，来势猛，分布广，与玉米同期出土，如果不能及时除掉，危害很大。6 月中旬至 7 月上旬，地温上升至 16～20℃，加上雨季来临，潜伏性杂草大量萌发出土，如稗草、灰菜等，往往形成后期超高大草，危害性也很大。7 月中旬以后，由于大都生育繁茂，密闭封垄，再次萌动的杂草则不易长起来。

玉米地杂草虽然具有繁殖力高，适应性强，传播广的特点，但也有其一定的脆弱性。一是多数杂草种子小，拱土能力弱。如红廖种子在 7 厘米以下、稗草在 10 厘米以下，都不能出土。二是杂草在白芽期根系脆弱，未形成纤维，极易失水枯死。只要人们能认识与掌握杂草的生活规律，针对它的脆弱性，采取相应的综合措施，杂草是能被消灭的。根据杂草的特点，除草必须坚持“除早、除小、除了”的原则。

（一）机械除草

1. 封闭除草　封闭除草就是在播种前，用中耕机安装大鸭掌齿，配齐翼形齿，进行全面封闭浅中耕除草。在中耕机后边拖带钉齿耙，耕后土碎地平，既有利于保墒防旱，又提高灭草效果，其灭草效果达 85%以上，在杂草严重的地块效果尤为明显。

2. 耙地除草　耙地除草是利用杂草生长阶段的脆弱期与玉米生长期上的差异，用轻型或中型钉齿耙进行耙地除草。苗前耙具有伤苗少、灭草多的优点。采用苗前耙必须抓住 3 个环节。一要适时，就是要在玉米萌动扎根到子叶拱土，离地表 2 厘米以下的时期进行；二要根据地的松紧度，选用适宜机具，地松选用轻型钉齿耙，地硬选用中型钉齿耙。

3. 苗间除草　在玉米苗期，用中耕苗眼除草机边中耕边除草。这个措施具有疏松苗眼土，消灭苗眼草，伤苗少的特点。苗间除草，要根据苗情、草情、墒情掌握除草时机。在苗情上以株高 10～15 厘米时为适宜时期；在草情上，要在子叶 1～2 片时进行；在墒情上，要掌握土壤湿度适中，阴雨天或湿度大时不宜进行。锄齿入土深度，一般以 2～4 厘米为好，过深伤苗多，过浅杀草效果差。

4. 中耕培土

（1）中耕次数。玉米中耕次数一般为 3 次。在株高 5～10 厘米时，进行第一次中耕；株高 20～30 厘米时，进行第二次中耕；封垄前进行第三次中耕。次数和时间都不是固定的，要因草情、苗情、天气等条件灵活掌握。

（2）中耕深度。第一次中耕深度以 15～18 厘米为好，或于垄沟深松 18～20 厘米，要垄沟和垄帮有较厚的活土层，活土层不应少于 5 厘米。第二次中耕深度以 8～12 厘米为宜，这次中耕可以高速作业，以提高拥土挤压苗间草的效果。第三次仍以 8～12 厘米为好，防止伤根，培成小垄，以利机械收割。但在低涝地应注意培高垄，以利排涝。上述三次中耕的深度变化，一般是深、浅、浅。

（3）中耕机具。中耕主要使用中耕施肥机等机具。

（二）药剂灭草

药剂灭草即采用喷雾机或飞机航撒灭草剂，达到消灭杂草的目的。

除草剂选择标准以杀草谱宽、持效期适中（1.5～3 个月）、不影响后茬作物为原则，以土壤处理为主，苗后茎叶处理为辅。

（三）喷杆式喷雾机

喷杆式喷雾机能把溶于水的化学药剂等分散成为细小的液滴，均匀地散布在植物体或防治对象表面，达到防治目的，主要适用于粮、棉、菜等农作物苗前及苗后期进行喷洒灭草剂、杀虫剂、杀菌剂、叶面肥及生长素等各种药剂，挂接方式为悬挂式（图 3-8），喷幅为 6～18 米，适用于大面积单一作物，水源比较方便的地区。采用防后滴喷头，用滚塑成形的聚乙烯药罐。大型先进的喷杆式喷雾机还配有自动悬浮平衡调节机构，缓冲了喷杆的垂直振动和水平摇摆，使喷杆作业时始终与地面保持平行，均匀性好，作业平稳，并避免了喷杆受到损坏。主要由悬挂架、升降油缸、升降机构组合、吸入过滤器（主过滤器）、喷泵、主流量控制器、药箱、喷杆架组成。

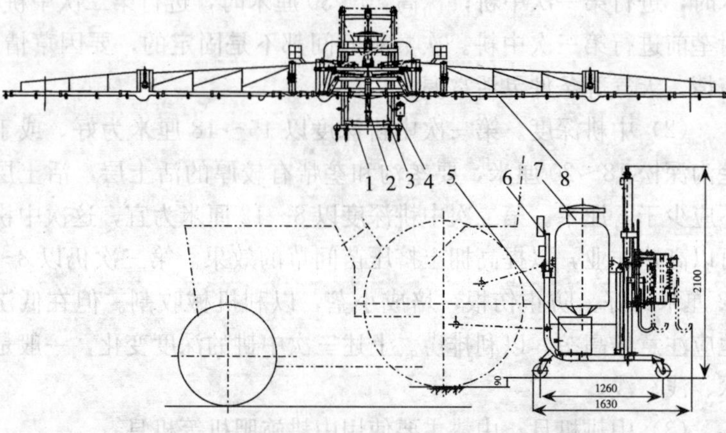

图 3-8　3WF-1000 型喷杆式喷雾机结构简图

1. 悬挂架　2. 升降油缸　3. 升降机构组合　4. 吸入过滤器（主过滤器）　5. 喷泵　6. 主流量控制器　7. 药箱　8. 喷杆架

（四）主要机械故障及排除方法

1. 中耕机漏耕、铲苗、压苗、损伤作物根系　排除方法：检查行距是否准确，锄铲是否松动，锄铲上的杂物及时清理。

2. 喷药机压力不足或不稳、各喷头喷量不均、管路不畅　排除方法：①液泵柱塞密封不良，更换胶圈，磨损严重的更换新泵；②调整各喷头压力，使之一致；③清理过滤装置和管路杂物，使用清洁井水或河水。

五、机械收获技术

玉米收获机械化技术是在玉米成熟时根据其种植方式、农艺要求，全部（摘穗、剥皮、脱粒、集箱和秸秆还田）或部分生产环节应用机械来完成的作业过程。

（一）收获时间

按照玉米成熟标准，确定收获时期，适期收获玉米是增加粒重，减少损失，提高产量和品质的重要生产环节。玉米收获适期因品种、播期及生产目的而异。北方春玉米区大致在9月下旬或10月上旬收获。提前收获，影响玉米产量和品质。饲用青贮玉米以乳熟末期至蜡熟期收获为宜，这时茎叶青绿，籽粒充实适度，植株含水率70%以上，不仅青贮产量高，而且营养价值好。粮用和饲用兼用玉米为兼顾籽粒产量和获得较多的质优青贮饲料，宜在蜡熟期末期收获。

（二）收获方法

玉米收获方法分为人工收获和机械收获2种。目前农村仍以人工收获为主，但随着农民生活水平的提高和农业生产条件的改善，农民对机械化收获提出了迫切的要求，玉米收获机械的质量得到了迅速提高，玉米机械化收获正呈迅速扩大的趋势。

1. 人工收获玉米　即人工摘取玉米棒穗后剥去苞叶晾晒，或留部分苞叶，将其编辫成条挂晒。利用镢、镰等手工工具进行收获秸秆，留茬高度不宜超过10厘米，低茬收割对消灭玉米螟有很大作用，并可破除根茬。

2. 机械化联合收获　其主要的技术经济指标：联合收获总损失率（籽粒、果穗）≤5%、籽粒破碎率≤1%、果穗含杂率≤10%、断穗率≤5%；秸秆还田作业留茬高度≤10厘米、还田茎秆切碎合格率≥90%、青贮茎秆切段长度合格率≥95%、青贮茎秆损失率≤5%、还田茎秆抛撒不均匀率≤20%。

（三）收获要求

为保证玉米果穗的收获质量和秸秆处理的效果，减少果穗及籽粒破损率、秸秆还田的合格率、根茬的合格率和秸秆切段青贮的要求，玉米收获应满足以下要求：①实施秸秆青贮的玉米收获要适时进行，尽量在玉米果穗籽粒刚成熟时，秸秆发干变黄前（此时秸秆的营养成分和水分利于青贮）进行收获作业。②实施秸秆还田的玉米收获尽量在果穗籽粒成熟后间隔3～5天再进行收获作业，这样玉米的籽粒更加饱满，果穗的含水率有利于剥皮作业。秸秆变黄，水分降低更利于将秸秆粉碎，可以减少功率损耗。③根据地块大小和种植行距及作业质量要求选择合适的机具，作业前制定好具体的收获作业路线，同时根据机具的特点，做好人工开割道的准备工作。

东北春玉米收获时，其籽粒含水率较高（30%左右），因此在没有烘干条件的情况下，使用玉米收获机作业最好只完成摘穗、集箱和秸秆还田等作业，不直接完成脱粒作业。如想直接完成脱粒作业，需推迟收获期，让玉米在田间脱水到含水率只有20%左右时在进行收获。

（四）机械化收获工艺

根据玉米收获的技术内容，可将玉米机械化收获大致分为以下 2 种形式：

1. 联合收获　利用玉米联合收获机一次完成摘穗、剥皮、集穗（或摘穗、剥皮、脱粒，但此时籽粒含水率应为 23%以下），同时进行秸秆处理（切断青贮或粉碎还田）等项作业，然后将果穗（有的带苞叶）运到场上，经晾晒后进行脱粒。玉米联合机械收获适应于等行距（65±5 厘米）、最低结穗高度 35 厘米、倒伏程度<5%、果穗下垂率<15%的地块作业；带穗收割适应于畜牧业较发达地区或畜牧大户推广应用。

现行的玉米联合收获机均为对行收获，如玉米行距有偏差，作业时割台要对准玉米行，以减少掉穗损失；适当调整摘穗辊（或摘穗板）间隙，以减少籽粒破碎；注意果穗升运过程中的流畅性，以免卡住、堵塞；及时倾卸果穗，以免果穗满后溢出或卸粮时出现卡堵现象；正确调整秸秆还田机的作业高度，以保证留茬高度小于 10 厘米；安装灭茬机时，应确保灭茬刀的入土深度保持深浅一致，以保证作业质量。

2. 半机械化收获

（1）用割晒机将玉米割倒、放铺，经过晾晒后，籽粒湿度降到 20%～22%，用机械或人工摘穗、剥皮，然后运至场上经晾晒后脱粒，秸秆处理可以切断青贮或粉碎还田。被割倒玉米秸秆的铺放要整齐，以利打捆运输；灭茬作业部分的调整要适当，其深度一般保持在 5 厘米左右。

（2）用人工（或摘穗机）在玉米生长状态下进行摘穗（或称为站秆摘穗），然后将果穗运至场上，用剥皮机进行剥皮，经晾晒后脱粒，秸秆处理可以切断青贮或粉碎还田。人工玉米摘穗时，应尽量减少碰歪、踏倒玉米秸秆，并及时运出果穗，以保证还田工序的及时进行和作业质量。

（五）玉米联合收获机

玉米联合收获机主要机型有背负式和自走式，两种机型只是动力来源形式不同，工作原理相同，自走式玉米联合收获机自带动力，背负式玉米联合收获机需要与四轮拖拉机配套使用（图 3-9），一次进地均可完成摘穗、剥皮、集箱、秸秆粉碎联合作业。主要由割台、输送器、粮仓、秸秆粉碎还田机等部件组成。主要技术参数：

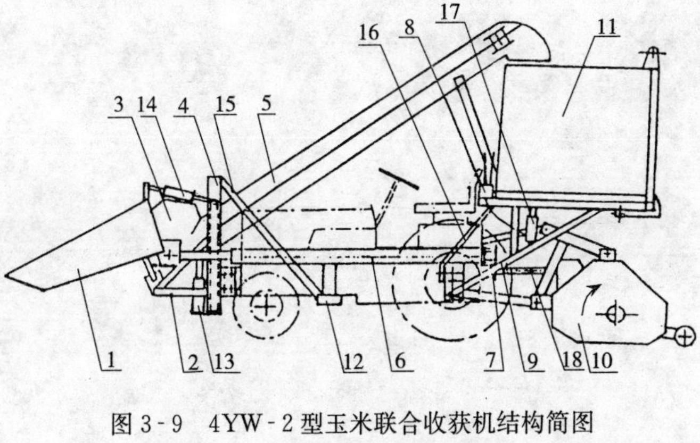

图 3-9　4YW-2 型玉米联合收获机结构简图

1. 割台　2. 升降架　3. 一级输送器　4. 升降轨道　5. 二级输送器　6. 前传动装置　7. 动力分配器　8. 液压操纵　9. 粮仓底架　10. 秸秆粉碎还田机　11. 粮仓　12. 锁架　13. 油缸　14. 拉丝　15. 拉板一　16. 拉板二　17. 油缸　18. 传动轴

作业行数：2 行、3 行、4 行；

作业行距：60 厘米、65 厘米、70 厘米；

割茬高度：≤10 厘米；

籽粒总损失率：≤ 2%；

果穗损失率：≤2%；

籽粒破碎率：≤1%；

切碎长度：80 毫米以下占 60%以上（茎秆还田）；

可靠性：≥90%。

第四章

黄淮海玉米区玉米生产机械化技术

第一节 黄淮海玉米区玉米机械化生产情况

黄淮海地区主要包括山东、河南、山西、陕西中南部、江苏、安徽的淮河以北地区，属温带半湿润气候，气象特点是温度高，无霜期长，日照和雨量比较充足。全年降雨量为400～800毫米，分布不均衡，春旱、晚秋旱，夏秋易涝，夏季高温多湿。该地区是小麦、玉米一年两熟制地区。要求种植中早熟品种，玉米生育期为100～120天。黄淮海地区一年两作主要有直播和套种两种模式。玉米直播模式，一般在6月1日前后播种玉米，9月中下旬收获玉米。玉米套种模式，一般5月20日前后套种玉米，9月中旬开始收获玉米。

山东省作为黄淮海玉米机械化水平最高的省份，玉米的种植分为春玉米和夏玉米两种。春玉米播种时间主要受地温限制，要求地温在10℃以上，一般为3月底左右播种。夏玉米播种时间主要受前茬作物收获期制约，一般为5月下旬至6月上中旬。玉米种植的主要品种有郑单958、鲁单981、浚单20、农大108、鲁单984、聊玉18、金海5号、莱农14、鲁单9002、登海11、登海3号、泰玉2号、天泰10号、东单60、鑫丰1号、淄玉9号等16个。玉米种植的方式分为机械直播、套种和间作。

一、玉米直播

夏玉米直播是在小麦收获后进行，一般都采取机械免耕播种的贴茬播种，也有部分采用苗带旋耕播种等形式。春玉米一般在冬闲地上进行机械直播。玉米机械直播作业，一般采取等行距播种，行距为60～70厘米，株距为20厘米左右，保证亩株数在4 000株以上，紧凑型玉米一般达到6 000株左右。

二、玉米套种

一般是在小麦播种时留出玉米套种行，在小麦收获前10天左右，用玉米套种耧或人工点播的方式进行种植。玉米套种行距一般为大小行间隔布置，大行距为80厘米左右，小行距为40厘米左右。由于各地的种植习惯不同，套种行的行距也有所差别。

三、玉米间作

玉米与花生、大豆、蔬菜等作物进行间作。玉米种植行距根据间作的作物不同有很大的差别，如大豆间作玉米，以大豆为主，每4行大豆间作1行玉米，玉米株距20～27厘米，每亩地间作玉米1 200～1 500株；花生间作玉米，花生和玉米同时播种，每4行花生间作1行玉米，每亩间作玉米1 200株左右。有的地方采用玉米、大豆同穴播种，一般是在小麦行间套种，每穴播种2～3粒玉米种子和3～4粒大豆种子。

以山东为例，夏玉米种植方式主要有套种和直播两种方式。

- 玉米种植方式
  - 耕后播种（春玉米，机引）
  - 免耕播种（夏玉米）
    - 套播
      - 人工套种
      - 半机械化套种
      - 机动套种
    - 直播
      - 人工点播
      - 半机械化播种
      - 机引播种
        - 窝眼式
        - 仓转式
        - 转勺式
        - 气吸式

随着玉米联合收获机械化技术的推广，以及农村劳动力的转移，玉米套种面积越来越少，玉米直播面积尤其是机械直播面积越来越大。2009 年，山东套种面积仅 53 万公顷，玉米机械直播面积达到 230 万公顷，占玉米种植面积的 80%以上。目前在实际生产中形成了夏季小麦联合收获、秸秆还田、玉米播种和秋季玉米联合收获、秸秆还田、小麦免耕播种“一条龙”作业的现状。

从播种方式对玉米机械化收获的影响看，玉米的直播可以采用播种机播种，行距均匀，比较适于玉米收获机械作业。玉米套种与间作由于作物混杂在一起，特别是种植行距不均匀、不科学，不仅不便于机械播种，还给玉米机械化收获造成很大的困难。在发展玉米收获机械化方面，重点推广 4 种机械收获技术模式。

模式一，机械摘穗＋秸秆粉碎还田联合收获模式。利用联合收获机一次完成摘穗、果穗升运、集箱、秸秆粉碎还田等作业工序，是目前黄淮海地区主要推广的技术模式。

模式二，人工果穗收获＋秸秆机械化粉碎还田分段收获模式。在玉米成熟期，采用人工将玉米果穗摘下，然后利用秸秆还田机将秸秆粉碎直接还田。

模式三，穗茎兼收模式。利用穗茎兼收机械在玉米果穗收获

（包括摘穗、升运、集箱）的同时，将秸秆粉碎集箱回收，用作青贮饲料。该模式是畜牧养殖比较发达地区应优先推广地技术模式。

模式四，玉米青贮模式。利用玉米青贮收获机将玉米果穗与秸秆同时收获，直接粉碎用于青贮饲料。大型畜牧养殖厂或规模化养殖区可采用该技术模式。

从黄淮海区域来看，大多数省份实行玉米直播或间作套种，行距规格差异不大，一般为 50～70 厘米，山东推广使用的 2 行和 3 行悬挂式与自走式玉米联合收获机以及互换割台型玉米联合收获机，基本上可以满足该区域玉米收获的要求。

第二节　黄淮海玉米区玉米生产机械化技术模式及发展

一、玉米机械化播种技术模式

（一）玉米复式播种模式

这种播种模式的技术路线是灭茬、旋耕整地、播种施肥、覆土镇压复式作业，一次完成多项工序。其工艺流程为：灭茬→旋耕整地→播种施肥→覆土→镇压等 5 个连续的作业环节。

（二）玉米秸秆粉碎还田小麦免耕播种模式

这种模式的技术路线是在玉米秸秆直接粉碎还田后，用免耕播种机进行开沟、播种、施肥、覆土、镇压等项作业。其工艺流程为：秸秆粉碎还田→播种 2 个环节分段处理。

（三）小麦秸秆切碎还田玉米免耕抢茬播种模式

这种模式的技术路线是在小麦联合收获作业时，对秸秆进行直接切碎，并均匀抛撒在地表。在小麦收获后的地块上，不耕翻土壤，采用玉米免耕播种机直接进行播种。玉米免耕播种机一次进地，完成开沟、深施肥、播种、覆土等作业工序。其工艺流程为：秸秆切碎还田→玉米播种 2 个环节分段处理。

二、玉米田间管理机械化技术模式

玉米田间管理技术包括中耕、深松、追肥、植保、灌溉等技术内容和作业环节。机械化技术作为玉米生产过程中田间管理的配套技术，适宜应用的作业环节主要有机械中耕、机械深松、机械追肥、机械植保、机械灌溉等作业环节。

（一）中耕施肥（除草）技术模式

机械化作业可以疏松土壤，消除杂草，增加氧气供应，促进根系发育，有益于土壤微生物的活动和有机质的分解。玉米追肥一般与中耕除草结合在一起进行。其工艺流程是：中耕→除草（追肥）复式作业同时进行。

（二）深松机械化技术模式

机械化深松可以疏松土壤，打破坚硬的犁底层，增强雨水入渗速度和数量，减少径流，减少水分蒸发损失。由于机械深松只松土、不翻土，作业后使耕层土壤不乱，动土量小，所以特别适合于土层浅、不宜耕翻作业的土壤。该技术模式是农业耕作的新技术。经验数据表明，机械化深松的增产效果明显。作业时，利用深松机在玉米长至 5～7 片叶子时，在其行间对土壤进行 25～30 厘米的深松。

（三）植保机械化技术模式

植保机械化技术是指农作物病、虫、草害的机械化防治技术。根据施用化学药剂的方法，植保机械的种类分别为喷雾机、弥雾机、超低量喷雾机、喷粉机和喷烟机等。在选择植保机具时，应注意按照作物的种类、品种和地块大小以及药剂施用等要求，选择高效、环保、低量、防漂移的植保机械。

目前，大田生产中主要使用背负式手动喷雾器、背负式机动喷雾喷粉机、机载（机引）式喷杆喷雾机等机具。其喷雾部件应根据不同作物、不同生长期和所选喷雾机的类型来选择。

（四）灌溉技术模式

为了保证玉米高产稳产，除了发展和完善水利设施外，还必须推行科学灌溉技术，实施节水灌溉措施。其方法主要有以下几种：

1. 沟灌和隔沟灌　玉米种植行距较宽，采用沟灌非常方便。还可采用隔沟灌的方式。

2. 管道输水灌溉　一般采用有地下硬塑管，地上塑料软管，一端接在水泵上，另一端延伸到玉米田远端，边灌边退。

3. 喷灌　喷灌是机械化程度比较好的节水灌溉技术，它具有省水、省工、省地、保土和适应性强的特点。

该技术在实施过程应充分考虑玉米的生长发育情况、天气情况和土壤含水量等因素。从玉米生长发育的需要和对产量影响较大的时期来看，一般应浇好4次关键水：

（1）拔节水。玉米苗期植株较小，耐旱、怕涝，适宜的土壤水分为田间持水量的60%～65%，一般情况下可以不浇水。但玉米拔节后，植株生长旺盛，雄穗和雌穗开始分化，需水量增加。墒情不足时，浇小水。

（2）大喇叭口水。该期进入需水临界始期，此期干旱会导致小花大量退化，容易造成雌雄花期不育，遭遇“卡脖旱”。

（3）抽穗开花水。玉米抽雄开花期前后，叶面积大，温度高，蒸腾蒸发旺盛，是玉米一生中需水量最多、对水分最敏感的时期。此期为需水高峰，应保证充足水分，如地表土手握不成团，应立即浇水。浇水一定要及时、灌足，不能等天靠雨，若发现叶片萎蔫再灌水就会减产。

（4）灌浆水。籽粒灌浆期间仍需要较多的水分。适宜的土壤含水量为田间持水量的70%～75%，低于70%就要灌水。此期保持表土疏松，下部湿润，保证有充足的水分，遇涝注意排水。

三、玉米收获机械化技术模式

在玉米成熟时，根据其种植方式、农艺要求，用机械来完成对玉米摘穗、输送、集箱、秸秆处理等生产环节的作业技术。简言之，玉米收获机械化是指利用机械装备，对果穗收获、秸秆田间处理的一种作业方式。玉米收获机械化分为分段收获和联合收获 2 种方式。以山东为例，山东大部分地区玉米收获时的籽粒含水率一般 25%～35%，由于玉米籽粒含水率较高，收获时不能直接脱粒，所以采取分段收获的方法。黄淮海地区现行的玉米收获机械化模式主要有以下几种：

（一）玉米割晒＋人工摘穗＋秸秆处理模式

用割晒机将玉米割倒、放铺，经几天晾晒后，籽粒湿度降到 20%～22%，人工摘穗、剥皮，然后经晾晒后脱粒；秸秆进行切段青贮或粉碎还田。这种模式属于分段收获，其技术路线是在小四轮拖拉机安装玉米割晒机，将玉米带穗切割，铺放在田间，人工进行摘穗，秸秆进行回收或粉碎还田。其工艺流程为：玉米带穗机械切割→人工摘穗→机械或人工剥皮→秸秆处理四个环节分段进行。

（二）人工果穗收获＋秸秆机械化粉碎还田模式

其技术路线是在玉米成熟期，采用人工将玉米穗摘下，然后利用秸秆还田机直接将秸秆粉碎还田。属于分段收获模式，这种技术路线较为成熟，目前已在全省普遍采用。其工艺流程为：人工摘穗→秸秆机械还田处理 2 个环节分段进行。

（三）机械摘穗＋秸秆粉碎还田联合收获模式

其技术路线是果穗收获与秸秆粉碎还田联合作业，一次完成摘穗、果穗升运、集箱、秸秆粉碎还田作业等工序。这是目前全省正在全面推广的主要技术模式。其工艺流程为：机械摘穗→输送集箱→秸秆处理等三个连续的作业环节。

（四）穗茎兼收模式

其技术路线是将玉米果穗收获（包括摘穗、升运、集箱）的同时，将秸秆粉碎集箱回收，用作青贮饲料。该模式适用于畜牧养殖区。其工艺流程为：机械摘穗→输送集箱→秸秆收集等 3 个连续的作业环节。

（五）玉米青贮模式

其技术路线是利用玉米青贮收获机，将玉米果穗与秸秆同时收获，直接粉碎用于青贮饲料。其工艺流程为：机械收获穗茎→输送集箱等两个连续的作业环节。

第三节　黄淮海玉米区玉米生产机械化技术要求

一、玉米播种机械化技术要求

为保证玉米的播种质量，提高播种精度和作业效率，降低伤种率，有效控制播种深度，玉米机械播种应注意满足以下要求：

（一）播种时机要适当

作物的播种期影响种子出苗、发育生长等，不同的作物有不同的适播期，即使同一作物，不同的地区适播期也相差很大。因此，必须根据作物的种类和当地条件，确定适时播种期。

（二）播种分布要合理

播种量决定单位面积内的苗数。种子田间分布状态和播种均匀度确定了田间作物的群体与个体关系，应根据当地的耕作制度、土壤条件、气候条件和作物种类综合考虑。

（三）作物发芽要齐全

作物发芽的主要影响因素包括播深和土壤紧实程度。播得太深，种子发芽时所需的空气不足，幼芽不易出土；如果太浅，会造成水分不足而影响种子发芽。一般谷物的播深要求 2～7 厘米。

播后覆土压实可增加土壤紧实程度，使下层水分上升，使种子紧密接触土壤，有利于种子发芽出苗。适度压实在干旱地区及多风地区是保证全苗的有效措施。

（四）种床条件要适宜

种床是指种子萌发、扎根和出苗的土层。种床条件适宜可缩短种子萌发至出苗的时间，扎根早、扎根深、早出苗、出壮苗，增强抗御不良气候的能力，可及早进行光合作用。因此，①通过适宜的耕作措施，给作物提供深厚的活土层、贮存养分和水分，使作物根系分布范围广、吸收能力强，土壤耕作要根据土层的厚度和作物有利的根型采用翻地和深松，配合有机肥等措施创造适宜的耕作层。②通过适当的整地，使种床下层有较多的持水孔隙，上层有较多的持气孔隙，造成上虚下实的有利条件。上虚，有利于作物播种，提高播种质量，达到深浅一致、下籽均匀、覆土严密、减少蒸发、防旱保墒、防风蚀的目的；下实，可以提墒，使种子和土壤结合紧密而迅速吸水，利于出苗，及时提供水肥，促苗早发，同时还可起到固定植株防止倒伏的作用。③要求种床深度一致，表土平整，细碎无土块。④通过耕翻对残茬的掩埋和土壤消毒，创造良好的土壤环境，防止病、虫、害、杂草对作物种子和幼苗的侵害。

（五）种子选取要恰当

一般以长、宽、厚3个尺寸来表示。它是决定排种器结构的主要参数，特别是与精密排种部件设计时的型孔尺寸密切相关。为提高播种均匀性，保证种子出苗早，需对种子进行加工处理，如广泛应用的种子清选分级、种子包衣、丸粒化等措施，种子包衣是在种子表面喷涂化学药剂，防止病虫害侵蚀。形状不规格的小粒种子常用丸粒化处理，即用惰性物质将每粒种子包起来，使种子单体变大并成球状。丸粒化种子经分级后尺寸均一，因而使它们更易被精密排种器单粒选取。

（六）播种机设计要规范

(1) 能适应播多品种玉米种子，且均能调到所需要的播种量；

(2) 开沟深度应能调整，且能保证调整后播深一致；

(3) 更换种子时，种子箱应便于清扫。

二、玉米田间管理机械化技术要求

为实现玉米果穗高产、高效和优质的目标，防止病、虫、草害发生，创造良好的土壤条件，玉米田间管理机械应注意满足以下要求：

（一）机械灌溉技术要求

机械灌溉包括管灌、沟灌和喷灌。灌溉前应检查管道、沟渠是否有泄露；检查水泵、管网、控制阀、喷头等设备运转是否正常。

（二）中耕机械操作技术要求

准备作业前，要检查中耕机联接部位是否牢固，与拖拉机配套挂接是否合理。中耕深度、入土角的调整得当，有排肥装置的要做好排肥装置各部件的调整。在工作过程中，要随时停车以便及时清除泥土和杂草；拖拉机起步要平缓，作业时要速度均匀，运行路线要直，以免伤苗；起落中耕机时要平稳；行进中一定不要倒车，应升起机具后才能倒车；转移地块或在路上行驶时，要慢行，并要有人护行。

三、玉米收获机械化技术要求

为保证玉米果穗的收获质量和秸秆处理的效果，减少果穗及籽粒破损率，提高秸秆还田细碎率、根茬破除合格率以及秸秆切段青贮的均匀度，玉米机械收获应注意满足以下要求：

（一）作物品种要统一

当前山东推广应用的主要玉米品种有郑单 958、鲁单 981、浚单20、农大108、鲁单984、聊玉18、金海5号、莱农14、鲁单9002、登海11、登海3号、泰玉2号、天泰10号、东单60、鑫丰1号、淄玉9号等。凡是使用玉米联合收获机作业的地块，一般应种植同一品种或同一时期成熟的玉米。另外，对缺苗、断垅的地段应及时补种，使其整片作物成熟一致，有利于机械收获作业。

（二）播种行距要一致

要大力推行规范化、标准化种植。在直播玉米时，行距掌握在70厘米左右为最佳。套种玉米应按要求提前计划好玉米种植行距。根据4YW系列玉米联合收获机的性能特点，玉米种植行距为55～85厘米均可适应。统一行距种植可以减少调整机器时间，降低收获时的籽粒损失，提高收获效率。

（三）种植方式要规范

在同一地块内，凡实行平作的都尽可能平作，垄作的都尽可能垄作，同时要使其垄、畦大小尺寸尽量一致，以便于机械收获作业。

（四）收获时机要适当

在籽粒含水率30%～35%、茎秆含水率70%左右、植株倒伏率＜5%、最低结穗高度＞600毫米、果穗下垂率＜15%的情况下，玉米收获效果最佳。作业地块土壤含水率也应适中（以不陷车为适度），要对机械有足够的承载能力。

（五）收获质量要明确

一般应达到如下质量指标：籽粒损失率≤2%、果穗损失率≤3%、籽粒破碎率≤1%。、茎秆切碎长度合格率≥90%、留茬高度≤8厘米、根茬破碎合格率≥90%、使用可靠性（有效度）≥90%。

（六）作业准备要充分

玉米机收前10～15天，对其作物的倒伏程度、种植密度和行距、果穗的下垂度、最低结穗高度等情况进行实地调查，并提前对田块中的沟渠、垄台等予以平整，并将水井、电杆拉线、木桩等障碍物设置明显标志，以利安全作业。如果准备收获的玉米地块的地头，不利于机械转弯时，应提前用人工在地头割出机械转弯的地段，以提高生产效率和作业质量。按照拖拉机和收获机的《使用说明书》要求，对机械进行班次保养和必要的调整，并加足燃油、冷却水和润滑油。

（七）操作使用要正确

收获机手在进入收获地块前，应进一步了解待收地块的情况，如地形、作物品种、行距、成熟度，观察地块内木桩、电杆拉线等预设的标志是否完好，有无陷车可能的地段等。在收获机进入地块后应再次进行试运转，并使发动机转速稳定在1 800～2 000转/分之间，方可试收作业。在试收作业期间，应先用低Ⅰ档试收，待工作正常后，再适当提高档位。收获一段距离后，应停车检查收获质量，并征求用户意见。根据收获机试收作业的表现，结合待收玉米地块的具体情况，再对机器进行必要的调整，然后方可投入正常作业。正常作业过程中，拖拉机在起步、接合动力输出、转弯或倒车时，应先鸣喇叭示意，并仔细检查割道中心、果穗升运流畅与否、果穗箱的充满程度、还田锤爪是否打土和除茬弯刀的入土深度等情况，如有异常，应及时停车调整、排除。作业过程中一般不得随意停车，如非停不可时，应先停止机械前进，让收获机继续运转 30 秒钟左右，然后再切断动力输出轴的动力，以减少再次启动时的果穗断裂和籽粒破碎现象的发生。机械到达地头时，要继续高速前进一段距离，以提高秸秆粉碎、根茬破碎的作业质量，达到应有的指标要求。驾驶操作人员要随时观察动力机的各种仪表，注意水温、油温和油压是否正常，倾听机组有无异音，一旦发现不正常现象应立即停机检查，并予以排除。

按照上述要求还应注意以下问题：一是实施秸秆青贮的玉米收获要适时进行，尽量在玉米果穗籽粒刚成熟时，秸秆发干变黄前（此时秸秆的营养成分和水分利于青贮）进行收获作业。二是实施秸秆还田的玉米收获尽量在果穗籽粒成熟后间隔3～5天再进行收获作业，这样玉米的籽粒更加饱满，果穗的含水率低。三是根据地块大小和种植行距及作业质量要求选择合适的机具，作业前制定好具体的收获作业路线，同时根据机具的特点，做好人工开割道等准备工作。四是正确调整秸秆还田机的作业高度，使留茬高度小于8厘米，既保证秸秆粉碎质量，又避免还田刀具太低打土过大，造成损坏。五是安装玉米根茬除茬机时，应确保除茬刀具的入土深度，保持除茬深浅一致，以保证作业质量。

第四节　黄淮海玉米区玉米生产典型机具介绍

一、播种机典型机具

1. 2BYF-4型玉米免耕施肥播种机　一次完成施肥、开沟、播种、麦秸还田覆盖及镇压等作业。增加了土壤有机质，提高了土壤肥力，而且省工、省时，节本增效（图4-1）。主要技术参数：配套动力13.2千瓦以上，工作效率0.3～0.4公顷/小时，作业行数4行，作业行距450～700毫米，开沟深度60～100毫米，施肥深度60～100毫米，播种深度30～50毫米，仓转式排种器，箭铲式开沟器，每穴籽粒数2±1。

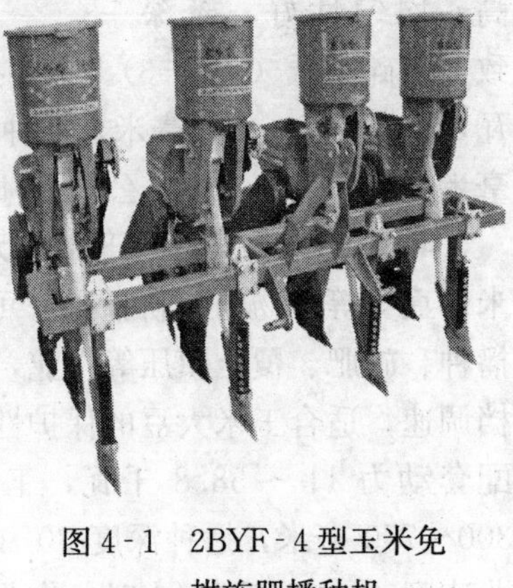

图4-1　2BYF-4型玉米免耕施肥播种机

2. 2BYSF-2型玉米播种机　主要用于免耕地单粒精播或双粒精播玉米，可条施晶粒状化肥，一次完成开沟施肥、开种沟、播种、覆土、镇压等项工序，两行机添加铺膜机构可以完成地膜覆盖（图 4 - 2）。主要技术参数：配套动力 8.8～13.2 千瓦，行距 428～630 毫米，播种行数 2 行，播肥深度 60～80 毫米，播种深度 30～50 毫米，工作效率 0.2～0.33 公顷/米，亩播肥量 80 千克，亩玉米播量 1.50～2.5 千克，勺轮式排种器，箭铲式开沟器。

图 4 - 2　2BYSF - 2 型玉米播种机

3. 2BFM - 180～250 系列小麦玉米免耕施肥播种机　特点是播种精度高、均匀性好、播深一致、破碎率低（图 4 - 3）。主要技术参数：配套动力 11～58.8 千瓦，行距 300～750 毫米，播种行数 3～12 行，播种深度 30～50 毫米，工作效率 3 ～8 公顷/小时，作业速度 4 ～10 千米/小时。

图 4 - 3　2BFM - 180～250 系列小麦玉米免耕施肥播种机

4. 2BFM - 3/4 系列玉米、大豆免耕施肥穴播机　适用于玉米、豆类等作物的免耕播种，可一次性完成破茬、松土、开沟、播种、施肥、覆土镇压等作业，播种施肥深度可调，行进速度四档调速，适合玉米大豆的保护性耕作（图 4 - 4）。主要技术参数：配套动力 11 ～58.8 千瓦，工作幅度1 200～2 200毫米，行距 300～750 毫米，播种深度 30～50 毫米，播种行数 3～4 行，作业速度 4 ～10 千米/小时，作业效率 3 ～8 公顷/小时。

图 4-4 2BFM-3/4 系列玉米、大豆免耕施肥穴播机

5. 气吸式玉米播种机 采用垂直圆盘气吸式播种玉米，实现了单粒精播。播种机构采用单体安装，行距可调；多级变速，满足了不同株距需求，滑刀式开沟器阻力小、省动力。一级多楔带式风机传动形式，结构紧凑传动效率高（图 4-5）。主要技术参数：配套动力 20 马力以上，播种行数 4 行，播种行距 500～700 毫米，播种株距 140、200、250、285、300 毫米可任选，播种深渡 20～40 毫米，种肥间距 70～90 毫米，工作速度 4 ～5 千米/小时，气吸式排种器，滑刀式开沟器。

图 4-5 BYQFH-4 型玉米播种机

二、田间管理机

目前使用的玉米行间深松机主要有与小型拖拉机配套的 1LSZ-2 型或 1SZF-2 型行间深松机。中耕追肥机主要采用 2F-

1 型或 2BFD-1 型播种施肥耧进行。植保机械一般用泰山-18 型背负式机动弥雾喷粉机。

三、收获机械典型机具

(一) 自走式玉米收获机

自走式玉米联合收获机具有行走无级调速、液压转向功能，果穗箱可以自由反转倾倒，秸秆还田装置可以进行仿形作业。该机一次作业可以完成站秆玉米的果穗摘取、果穗输送集箱、秸秆粉碎还田等工序。

近几年来，我国陆续开发了多种自走式摘穗还田型玉米联合收获机。主要生产企业有福田雷沃国际重工股份有限公司、中国收获机械总公司、山东巨明机械有限公司、山东大丰机械集团公司等。具有代表性的自走式玉米收获机有福田雷沃国际重工股份有限公司生产的雷沃谷神 4YZ-4 自走式玉米收获机，洛阳中收机械装备有限公司生产的开拓者 BH4146 自走式玉米联合收获机和山东巨明机械有限公司生产的巨明新星神六 4YZ-4 型玉米联合收获机。

1. 雷沃谷神 4YZ-4 自走式玉米收获机 主要技术参数：配套动力 117 千瓦，作业行数 4 行，行距 650 毫米，适应行距 600～750 毫米，留茬高度≤100 毫米，秸秆切碎合格率≥85%，籽粒损失率≤2%，果穗损失率≤3%，籽粒破碎率≤1%，纯小时生产率≥0.33 公顷/小时，单位面积油耗 15～45 千克/公顷。

2. 开拓者 BH4146 自走式玉米联合收获机（图 4-6） 主要技术参数：通道间距 650～565 毫米，通道 4 个。纯工作生产率 8～12 亩/小时，发动机功率 117 千瓦。

3. 巨明新星神六 4YZ-4 型玉米联合收获机（图 4-7） 主要技术参数：配套动力≥74 千瓦，作业行数 4 行，行适应行距 450～800 毫米，工作幅宽2 600毫米。

图 4-6　开拓者 BH4146 自走式
玉米联合收获机

图 4-7　巨明新星神六 4YZ-4 型
玉米联合收获机

（二）悬挂式玉米收获机

悬挂式玉米联合收获机是以 36.8 千瓦以上的轮式拖拉机为配套动力的玉米联合收获机械。通常一次作业可完成玉米的摘穗、升运、装箱、秸秆粉碎还田等工作。

目前我国开发的型号有 20 多种，主要生产企业有山东国丰、玉丰、向农、福田、巨明、颐元等公司。

1. 巨明 4YW-3 型悬挂（背负）式玉米收获机（图 4-8）主要技术参数：配套动力 51 千瓦以上拖拉机，行距 450～900 毫米，工作行数 3 行，生产率 4～9 亩/小时，液压卸粮，割台液压升降。

2. 国丰（4YW-3）背负式玉米收获机 主要技术参数：配套动力≥47.8 千瓦轮式拖拉机，工作幅宽 2 050 毫米，作业行数 3 行，适应行距 400～1 200 毫米，割道中心距 570 毫米，纯工作小时生产率≥0.27 公顷/小时，卧辊式摘穗装置，后置秸秆还田机。

图 4-8 巨明悬挂式玉米收获机

（三）互换割台型玉米收获机

玉米专用割台用于替换谷物联合收获机上的谷物收割台。从而将谷物联合收获机转变成玉米联合收获机。这样可以大大简化玉米收获系统，提高谷物联合收获机的利用率和用户的经济效益。将谷物联合收获机的割台换成玉米摘穗台（玉米割台），一次完成摘穗、脱粒和清粮等作业。主要生产企业有山东金亿、向农等公司。

1. 春雨 4YZ-4H 自走式互换割台型玉米收获机（图 4-9）

图 4-9 春雨互换割台型玉米收获机

主要技术参数：配套动力62.5千瓦，工作行数4行，割道中心距590毫米，纯工作小时生产率0.3～0.5公顷/小时，板式摘穗割台，后置集穗箱。

图4-10　向农互换割台型玉米收获机

2. 向农4YW-3与自走式小麦互换割台（图4-10）　主要技术参数：配套动力新疆-2A、福田系列等自走式小麦收割机，生产率4～8亩/小时。

（四）穗茎兼收型玉米联合收获机

穗茎兼收型玉米联合收获机可一次完成玉米果穗、茎秆的收获，适应农民传统收获玉米的习惯，又增加了茎秆青贮收获，为发展畜牧业提供了丰富的饲料资源。具有代表性的穗茎兼收型玉米联合收获机有山东理工大学、山东省农机推广站与山东向农研制的自走式穗茎兼收型玉米联合收获机，海山悬挂式穗茎兼收型玉米联合收获机。

1. 4YQZ-3A型自走式穗茎兼收型玉米联合收获机（图4-11）　主要技术参数：配套动力88.2千瓦，适应行距500～800毫米，收获行数3行，作业前进速度1.3～3.5千米/小时，生产效率0.638公顷/小时，籽粒损失率≤2%，果穗损失率≤3%，籽粒破碎率≤1%，果穗清洁率≥95%，青饲料含杂率

图4-11　4YQZ-3A型自走式穗茎兼收型玉米联合收获机

≤3%，茎秆切碎长度≤30毫米，茎秆切碎合格率≥90。

2. 4YQW-2型背负式茎穗兼收玉米联合收获机 主要由可垂直升降割台、刮板式升运器、集穗箱、机架及传动系统等部分组成，可一次完成作物的切割、夹持输送、摘穗、茎秆切碎抛送回收、果穗输送收集作业。可同时配带旋耕机、灭茬机等进行灭茬旋耕作业，能够满足玉米茎穗兼收的需要（图4-12）。主要技术参数：配套动力55～80马力拖拉机，生产效率4～6亩/小时，适用行距550～850，切草长度28毫米，作业行数2行，割茬高度≤150毫米，籽粒总损失率≤3%，籽粒破碎率≤1.5%，茎秆切碎合格率≥85%，滚筒式切碎。

图4-12 4YQW-2型背负式茎穗兼收玉米联合收获机

第五节 黄淮海玉米区玉米机械化生产服务体系建设

玉米机械化生产对其技术支持、作业市场、农机农艺结合等要求高，有其特殊性，为农机服务体系建设提出了新的课题。要实现玉米全程机械化发展，必须加强玉米生产机械化服务体系建设，建立起以社会服务为主旨，以市场为导向，以社会经济效益为核心，以技术支持保障体系为依托，以农机作业服务组织为主体，以新的作业服务为模式的玉米机械化服务体系。玉米机械化生产服务体系，应当包括支持保障体系、农机作业服务组织和农机作业服务模式等。支持保障体系是玉米机械化生产的依托和保障，特别是在当前玉米机械化生产处于较快的发展时期，应加强技术支持保障体系建设，这对于保障和推进玉米机械化生产具有重要的意义。技术支持保障体系建设，涉及农机管理、服务的诸多方面，应重点从以下几个方面搞好建设。

一、产品质量监管体系

质量监管是保证玉米生产机械产品质量的关键环节，是玉米生产机械化发展的基本保障。应通过产品鉴定、质量调查、投诉打假等各环节，加强产品质量监管，尽快建立起以产品试验鉴定为基础，以推广目录管理为主线，以跟踪考核、质量调查为重点，以农民消费者投诉为纽带的产品质量监管体系，确保玉米机械化生产的适应性和可靠性。当前，应进一步健全完善鉴定产品公告、推广目录定期调整、质量跟踪考核调查等制度。加强农机质量投诉体系建设，尽快构建起农机质量管理的长效机制，为玉米机械化生产的跨越式发展保驾护航。

二、人员技术培训体系

玉米机械化生产的快速发展，对人员的技术培训提出了迫切要求。应当建立起满足玉米机械化生产要求的技术培训体系，是促进玉米生产机械化快速、健康发展的重要环节。首先，要加强各级农业机械化学校的建设，把县级农业机械化学校建设成为玉米播种、田间管理和联合收获实用技术培训基地。其次，应加强科技示范场、园建设，组织好科技下乡、科技入户，切实搞好系统的示范、推广与技术普及等。三是引导建立企业完备的售后服务培训制度，实现销售与技术培训的有机结合。努力建立起以学校技术技能操作培训、示范场园示范演示推广培训、生产企业售后服务培训为主要阵地，以科技下乡与科技入户为技术传播手段、以省市县各级农机管理部门分层次培训为主导的技术培训体系。

三、技术创新生产体系

机具和技术创新，是保障玉米生产机械化持续、健康发展的基础和动力。要通过农机化创新示范项目、科技支撑计划项目和重大农机化科技成果转化等项目的研究与实施，建立起以企业创新为主体，科研、推广密切配合与协作的机具与技术创新体系，对影响玉米生产机械化发展的关键机具和技术进行研发和创新。同时，应重视对玉米机械装备生产的规划，加大对玉米机械专业生产线建设和企业技术改造的扶持力度，提高生产能力和生产水平，满足农民对玉米机械的市场需求。

四、维修服务保障体系

维修服务体系的建设，是保障玉米机械化播种、机械化田间管理和机械化收获作业顺利进行，提高机械利用率和经营效益的重要环节。要引导、监督生产企业建立完备的售后维修服务机制，在作业期间，分区设立维修服务队，确保维修服务及时有效。要加强农机维修网点的管理和建设，要广泛深入开展“星级文明维修网点”的活动，提高农机维修网点的服务水平。要扎实开展农机职业技能培训工作，通过培训和职业技能鉴定，培养一批高技能的玉米机械装备维修人才。建立起以企业售后维修服务为基础，企业售后服务与农机维修网点相结合的维修服务保障体系。

五、安全生产管理体系

要按照农业部有关规定和要求，加强农机安全监理机构的建设，建立健全省市县农机监理机构、乡镇农机监理员、村农机安全管理员完整的农机安全管理体系。加强对拖拉机、播种机、田间管理机械和联合收获机及其驾驶操作人员的安全监督管理工作，严格驾驶培训和考核发证，严格技术操作规程，严格机械审验制度，严格乡村道路和田间作业的安全巡查。广泛深入开展“创建平安农机安全十县、百乡、千村、万户示范”活动，实施农机安全管理重心下沉、关口前移。

六、信息中介服务体系

信息中介服务是连结有机户与用机户、服务主体与作业市场的桥梁和纽带，对保证作业组织合理流动，提高经营效益，促进玉米播种、田间管理和收获机械的发展具有重要的作用。要加强农机协会建设，培育一批高素质的中介服务人员（经纪人），充分发挥农机协会等新型农机服务组织的中介服务作用。要通过组织农机跨区作业协调会、供需双方洽谈会，签订作业合同等多种形式，建立起农机服务组织与经纪人相结合的信息中介服务体系。

第六节　促进黄淮海玉米区玉米机械化生产快速发展的对策与措施

玉米全程机械化生产，是在小麦生产基本实现全过程机械化以后农机化发展的又一个重要战役。要打好玉米全程机械化生产的攻坚战，使农机化更好地适应现代农业和新农村建设的需要，必须综合运用行政、经济、技术等多方面手段，调动社会多方面积极性，形成推进农机化发展的整体合力。

一、政府重视

政府重视和支持是推动玉米全程生产机械化发展的关键因素。实践表明，农机化的发展与政府的重视程度息息相关，哪个时期政府的重视程度高，哪个时期的农机化发展速度就快。相对于小麦而言，玉米生产特别是收获机械化难度更大，要加快发展步伐，更是离不开政府的重视和支持。回顾小麦生产实现机械化的过程不难发现，机械化固然与经济社会发展有着必然的联系，但是政府长期推动特别是发展初期的强势推动发挥了极为重要的作用。特别是在玉米机械化生产的初级阶段，迫切需要通过政府的行政推动来加快发展步伐。各级政府应当进一步提高对加快发展玉米生产机械化重要意义的认识，把玉米生产机械化作为发展现代农业、建设社会主义新农村和构建和谐农村的重要内容，纳入当地经济社会发展的总体规划和综合评价体系之中，并作为为农民群众办实事的具体措施。要明确分管领导和具体负责部门，结合当地农业和农村经济发展的实际情况，科学确定玉米机械化生产发展规划和工作方案，制定年度工作任务和目标，落实工作目标责任制，层层抓好落实，确保组织、人员、措施三到位。要把玉米生产机械化作为农业生产的重要工作来抓，充分发挥农机部门的作用，组织市县乡村层层召开作业现场会、演示会，引导农民购买和使用玉米机械。要及时总结宣传玉米生产机械化发展的先进典型，进一步扩大玉米生产机械化的社会影响，提高全社会特别是农村广大干部群众的认识程度，大力营造发展玉米生产机械化的良好氛围。要加强对玉米生产机械化工作的督导，把玉米生产机械化的程度，作为考核各级政府和有关部门工作实绩的重要指标，对工作力度大、成效显著的地区、单位和个人，给予表彰奖励。

二、政策扶持

政策扶持是加快玉米生产机械化发展的重要推动力。从这几年的实践来看，玉米生产机械化得到了快速发展，尽管是经过多年的推动，发展的环境条件已基本具备的必然结果，是农机化发展的必然趋势。但国家的优惠政策特别是购机补贴政策向玉米机械倾斜，发挥了至关重要的导向作用。以山东为例，2006 年的统计数字表明，全省购机补贴资金近 80％用于了补贴发展玉米收获机械及其配套动力，大大激发了农民购买玉米联合收获机的积极性，效果十分显著，是今后加快发展玉米收获机械化的一条可供遵循的成功经验和做法。要继续加快玉米生产机械化的发展，必须进一步加大政策的扶持力度，充分发挥农机购置补贴资金的政策导向作用，逐步形成全方位扶持发展玉米生产机械化的机制。一是要整合现有的扶持农机化发展的资金项目，包括农机购置补贴、现代农业农机装备推进、农机化创新示范工程等项目资金，重点用于发展玉米全程机械化。特别是农机购置补贴资金，应优先重点补贴发展玉米生产所需机械。要对现行补贴政策执行制度进行进一步的优化设计，发挥好有限资金的作用，更加突出补贴玉米机械这个重点。除了采取报名优先安排外，还应实行差别比例，提高玉米联合收获机的补贴比例，进一步调动农民群众发展玉米生产机械化的积极性。二是要根据实际情况，完善国家农业机械作业用油补贴政策，改进补贴的方式、对象和补贴的标准，实行按农机作业数量补贴，提高补贴标准，重点向玉米生产所需的各类机械进行补贴。三是实施农机作业补贴政策。安排专门资金，对玉米播种、玉米收获和秸秆还田机械化等作业环节进行补贴，降低作业价格，让农民得到更多的实惠和好处。四是国家在信贷、税收等方面应对玉米机械研发生产给予倾斜扶持，支持玉米机械科研生产单位进行新技术新机具研发，提高自主创新能力。如山东省农机部门与中国农业发展银行山东省分行联合下发了《关于申报农机类科技贷款项目的通知》，联合开展了农机类科技贷款项目，通过“政府推荐项目、银行独立审贷、多方合作发展”，对农机新技术成果特别是玉米播种、联合收获等技术成果转化给予资金扶持，受到农机系统和农机生产企业的广泛欢迎。要不断探索其他政策扶持的新途径，增加玉米机械生产企业新增贷款规模，优先为玉米机械的生产提供资金支持，鼓励生产企业进行技术改造和生产线建设，扩大企业生产规模，进一步提升玉米机械的生产能力和水平。

三、分类指导

分类指导是推动玉米机械化生产的有效措施。黄淮海地区玉米种植区地域广大，经济社会发展水平、自然条件、玉米种植模式和习惯都有很大差别，人们对玉米生产机械化的认识和要求各有不同，玉米生产机械化发展的基础也不一样。因此，在发展玉米生产机械化上，不能脱离实际，搞千篇一律，一种模式、一个步调、一刀切。要坚持因地制宜的原则，区别不同的经济、社会、自然条件和工作基础，按照“因地制宜、分类指导、多点示范、重点突破”的总体要求。平原地区在稳定发展2行悬挂式玉米联合收获机械的基础上，加快推广3行悬挂式玉米联合收获机械的步伐，逐步向换玉米割台型玉米联合收获机、自走式玉米联合收获机发展，提高玉米收获机械化发展的水平和档次，培育发展成为玉米收获机械化的先行区和示范区；经济欠发达地区努力增加机械拥有总量，坚持自我发展与引进相结合，不断壮大自身发展能力，推进玉米生产机械化实现跨越式发展；大中城市郊区、机场周围和高速公路沿线地区，要结合实施玉米机械化生产，大力推广发展保护性耕作和秸秆还田机械化，促进秸秆综合利用，最大限度地减少秸秆焚烧现象。工作中，坚持突出重点与全面推进相结合，根据玉米生产机械化发展现状，分别设置先行区、推进区、跨越区和跟进区，确定不同的发展模式，并选择部分带头县，典型示范，分类指导，使每个区都形成以点带面、整体推进的发展格局。要注重发挥农机化示范区的带头和示范作用，依靠玉米生产机械化示范区的率先发展，带动本地玉米生产机械化的大发展。

四、市场拉动

市场拉动是推动玉米生产机械化发展的长效机制。要在坚持用政策营造玉米机械作业市场的同时，注重依靠市场拉动玉米生产机械化的发展。玉米生产作业服务产业化、市场化是农机服务发展的必然趋势，也是发挥市场在农机服务中的基础性作用、始终使农机服务保持旺盛发展活力的重要措施。实现玉米生产机械化的快速推进，实现作业服务产业化，市场化是必由之路。由于玉米收获机械化发展起步较晚，与小麦收获相比，市场化程度还不高，参加跨区作业的规模不大，市场主体发展不够完备，各项服务措施还不够完善，离产业化还有一定的距离。要充分借鉴小麦跨区机收的成功经验，针对秋季的实际情况，整合机械、技术、资本、服务资源，努力抓好秋季跨区作业市场培育、完善和发展工作。一是加大玉米机收跨区作业的组织引导力度，扩大秋季玉米机收跨区作业的范围，努力使跨区作业在机械数量、作业面积、作业区域和作业效益上不断实现新突破。二是积极扶持发展农机协会和农机合作服务组织、农机大户等各类新型农机服务组织，大力培育农机作业市场主体，积极参与秋季跨区作业。三是努力搞好管理协调和信息服务。要做好统筹协调，充分利用各级管理部门的资源优势，健全完善玉米机收跨区作业绿色通道制度，及时搞好组织调度服务。要将玉米机收作为履行公共服务职责的重要内容，既要搞好市场、气象和技术等信息服务，又要注重发挥中介服务组织和中介人的作用，组织有机户和用机户的双方签订玉米机收跨区作业协议，还要不断深化“明星作业队”创建活动，通过监管、引导、服务和市场拉动，调动农民群众发展玉米收获机械化的积极性，使玉米机收成为农机手增收的新渠道，使应用收获机械成为农民节本增效的新选择，实现有机户和用机户的双赢。

五、技术创新

技术创新是玉米生产机机械化不断发展的不竭动力。玉米生产机械化的发展，需要有质量可靠、性能完备的技术和装备支持。从我国现有的玉米机械生产企业的条件和产品质量来看，与国外相比还有较大差距。虽然，我国玉米机械经过多年来的试验、改进，已经基本成熟，具备了大规模生产和推广应用的基础，但由于多数生产企业规模较小、研发能力较弱、生产工艺工装较落后、产品质量不够稳定等问题，仍然会影响玉米生产机械化全面快速的发展。要全面加快玉米生产机械化的发展，一是要进一步加大技术研究开发力度。要充分调动多方面的积极性，全方位开展技术研究开发工作。各级农机管理部门要根据实际需要，组织有关科研、生产和高等院校，加强玉米机械的基础性、超前性研究，为生产企业提供有力的农机产品技术储备。玉米机械生产企业作为产品技术、性能、质量的集成终端，要积极组织科研技术力量，根据用户反映的情况和生产中存在的问题，对现有产品进行改进，进一步提高产品的质量和性能，努力为农民提供技术先进、性能优良、质量可靠的产品。农机产品试验鉴定机构要充分利用三秋生产的关键时节，加强对各类玉米机械的质量性能跟踪调查，提供科学的试验检测数据，为生产企业提高产品质量、改进产品性能提供技术参考依据。二是加快生产企业技术改造步伐。玉米机械生产企业要尽快改变小规模、作坊式生产的落后状态，积极筹集资金，加快技术改造步伐，创造条件上生产装配线，尽快实现规模化、标准化、自动化生产。三是健全完善玉米机械生产企业的行业协会。要把行业协会建设成为联系玉米机械科研、生产、推广、管理单位的桥梁和纽带。要充分发挥其平台作用，不断引导和加强玉米机械生产企业之间的联合与协作，整合管理、技术、生产资源，分工协作，优势互补，扩大生产规模，提高产品集中度，为加快玉米机械化发展提供强有力的装备支持。

六、农机农艺结合

农机农艺有机结合是发展玉米生产机械化的重要技术保证。在目前的技术条件下，农机与农艺不配套，成为影响玉米生产机械化发展的一个重要制约因素。农机与农艺需要相互促进、相互结合、相互适应。但从农机和农艺的特点来看，一般农艺的确定应当形成普遍性，从而适应农业机械规模化作业的需要。因为农机的生产不但具有一定的稳定性，而且具有一定的普遍性，一种型号的农机，不但要进行成批量生产，而且可以对相同或接近农艺的耕地实施作业。但不同农艺要求的耕地，不可能生产各种型号的机械，去适应其要求。所以，首先，在农艺上要实现玉米种植的标准化。努力解决和改变我国在农户家庭土地经营为主的情况下，一家一户农作物种植标准不同的状况。只要实现了玉米种植的标准化，就为广泛推广玉米联合收获机械创造了条件。其次，要实现玉米种植模式按区域的基本统一。平地种植和垄上种植是黄淮海地区玉米种植的两种模式。由于玉米分别播种在垄背上和畦面上，玉米根部的高度不一致。机械收获玉米时，割台高度和灭茬高度受到垄背的限制，就会对后续作业带来不良影响。只要在实现玉米种植标准化的基础上，采取这些种植模式，玉米收获机械经过简单的调整，基本可以适应玉米机械化收获的需要。第三，要实现玉米播种、田间管理、收获和秸秆还田的标准化作业。要制定玉米机械收获的标准，按照收割高度、留茬高度、玉米破碎比例、秸秆粉碎尺寸、灭茬程度等标准进行玉米收获作业。第四，要实现玉米机械生产主要部件的标准化。玉米种植和种植模式标准化以后，要引导农机生产玉米机械主要部件进行标准化生产，实现主要零部件的通用互换，以便适应农艺的要求和玉米机械的维修需要。

七、玉米机收与保护性耕作互动

把推广玉米机收与推广保护性耕作结合起来一起抓，是山东省加快玉米收获机械化的成功实践。改革传统耕作方式，实行保护性耕作，是提高农业综合生产能力、保证粮食生产，促进农业可持续发展、建设节约型农业的重要措施。黄淮海地区使用的玉米联合收获机都具有秸秆粉碎还田的功能，玉米机收之后，在秸秆还田的基础上，紧接着进行免耕播种，实行小麦保护性耕作，是近几年走过的一条成功之路。实践证明，推广玉米机收可以为保护性耕作打下了基础、创造条件，在玉米机收秸秆还田的基础上，实施保护性耕作可以有效地促进玉米机收的发展。把玉米机收与保护性耕作机械化有机地结合起来，大力推行玉米联合收获、秸秆还田、小麦免耕播种“一条龙”作业，可以取得事半功倍的效果，可以促进玉米收获机械化和保护性耕作机械化的共同发展。

第五章

西南山地丘陵玉米区玉米生产机械化技术

第一节 西南山地丘陵区玉米生产情况

一、总体情况

西南山地丘陵区山地和丘陵占总面积的90%以上，平原面积不足10%。水稻田和旱地分别占耕地面积的1/3和2/3，平地占耕地的比例不足10%，玉米机械化发展缓慢。

（一）西南山地丘陵区玉米种植面积情况

西南山地丘陵区2009年玉米种植面积情况见表5-1。

表5-1 2009年西南山地丘陵地区各省玉米种植面积

	农作物播种面积（万公顷）	玉米播种面积（万公顷）	占农作物面积比重（%）
全　国	15 863.94	3 118.26	19.66
重　庆	330.83	45.91	13.88
四　川	947.66	133.44	14.08
贵　州	478.07	75.15	15.72
云　南	634.39	135.42	21.35

（续）

	农作物播种面积（万公顷）	玉米播种面积（万公顷）	占农作物面积比重（%）
合　计	2 390.95	389.92	16.31
占全国比重	15.07%	12.51%	100%

从玉米的播种面积来看，2009 年西南山地丘陵区玉米播种面积占全国的 12.51%，说明这 4 个省、市玉米生产在全国玉米生产中占到了很大的比重，其中云南省的玉米播种面积最大，为 135.42 万公顷，占了整个西南丘陵区玉米播种面积的 34.73%，可以看出云南是一个玉米生产大省；其次四川省玉米种植面积为 133.44 万公顷，占了整个西南丘陵区玉米播种面积的 34.22%，略低于云南省，但其农作物生产总面积大于云南省；贵州省的玉米生产总面积为 75.15 万公顷，占了整个西南丘陵区玉米播种面积的 19.27%，是 3 个省之中生产面积最小的；重庆市的玉米生产总面积达到了 45.91 万公顷，占整个西南丘陵区玉米生产面积的 11.77%。

从玉米播种面积占农作物面积比重来看，2009 年西南山地丘陵区总的玉米播种面积为 389.92 万公顷，占到了该区农作物播种面积的 16.31%，略低于全国平均水平 19.66%，但仍说明玉米种植在西南地区粮食生产中占很大的比重。其中重庆市的玉米播种面积为 45.91 万公顷，占该市农作物总播种面积的 13.88%；四川省的玉米播种面积为 133.44 万公顷，占该省农作物总播种面积的 14.08%；贵州省的玉米播种面积为 75.15 万公顷，占该省农作物总播种面积的 15.72%；云南省的玉米播种面积为 135.42 万公顷，占该省农作物总播种面积的 21.35%，是整个西南山地丘陵区中玉米种植比例最高的。

（二）西南山地丘陵区玉米产量情况

西南山地丘陵区 2009 年玉米生产量情况见表 5－2。

2009 年整个西南山地丘陵区玉米产量为 1803.77 万吨，占全国玉米产量的10.87%，这一数值略低于玉米生产面积占全国的比重，可以间接看出该区玉米单产水平较低。

表5-2　2009年西南山地丘陵地区各省玉米产量

	粮食产量（万吨）	玉米产量（万吨）	占粮食产量比重（%）
全　国	52 870.92	16 591.40	31.38
重　庆	1 153.2	246.03	21.33
四　川	3 140	637	20.29
贵　州	1 158	391.19	33.78
云　南	1 518.59	529.55	34.87
合　计	6 969.79	1 803.77	25.88
占全国比重	13.18%	10.87%	

其中重庆市的玉米产量为246.03万吨，占该市粮食总产量的21.33%；四川省的玉米产量为637万吨，占该省粮食总产量的20.29%；贵州省的玉米产量为391.19万吨，占该省粮食总产量的33.78%；云南省的玉米产量为529.55万吨，占粮食总产量的34.87%。

通过上面的分析可以看出，云南省玉米播种面积以及产量是这四个省市中最高的，而贵州省是除重庆市以外最低的。

二、种植制度

玉米种植制度是指一个农业地区在一定时期或者几年内适应当地条件而形成的一整套玉米种植方式，很大程度上是由该地区的生态环境所决定的，主要包括种植结构与布局、种植方式等内容。

（一）西南山地丘陵区生态条件

西南山地丘陵区属于温带和亚热带的湿润、半湿润气候，在地理位置和海拔高度的共同影响下，旱地农业所占比重很大，同时因高度变化而出现的垂直地带性十分突出。这种农业生产环境给玉米种植提供了良好的条件，并使它成为当地重要粮食作物之一。

西南山地丘陵玉米区是中国的玉米主要产区之一，主要包括重庆、四川、贵州以及云南。2009 年这 4 个省玉米播种总面积达 390 万公顷，占全国 12.51%，总产量占 10.87%，单位面积产量 4.62 吨。

该地区雨量丰沛，水热条件较好，光照条件较差，有 90%以上的土地为丘陵山地和高原，无霜期在 260 天以上，年平均温度大于 16℃，年降水量 800～1 200毫米，多集中在 4 月至 10 月份，有利于多季玉米栽培。在山区草地主要实行玉米和小麦、甘薯或豆类作物间套作，高寒山区只能种一季春玉米。云贵高原地势垂直差异很大，全年阴雨寡照天气在 200 天以上，经常发生春旱和伏旱，病虫害的发生比较复杂而且严重。土壤贫瘠，耕作粗放，玉米产量很低。

（二）西南山地丘陵区种植制度

西南山地丘陵区地形复杂，农作物种类较多，以水稻、玉米、小麦和薯类为主。间作套种是本区玉米种植的重要特点，种植方式复杂多样。种植制度从一年一熟到一年多熟兼而有之。基本方式有 3 种：高寒山区一年一熟春玉米，或春玉米同马铃薯带状间作；丘陵山区间作、套种复种玉米，主要是早春作物如马铃薯、蚕豆、豌豆、油菜或春小麦套种玉米或复种玉米；另外，也采用以玉米为中心的三熟制，例如小麦-玉米-甘薯，小麦-玉米-水稻，绿肥-玉米-水稻等三熟制，有间作套种，也有复种，其中以小麦-玉米-甘薯构成的旱三熟制推广面积最多，增产作用最大。其中，成都盆地水分和热量条件均较优越，得天独厚，多施行麦、玉米、甘薯套种的一年三熟或二熟制。

1. 小麦-玉米-甘薯三熟制　在四川、云南和贵州省海拔 600 米以下的丘陵山区，经常发生夏旱和伏旱。以往实行小麦复播夏玉米一年两熟，7 月下旬常发生高温干旱，使夏玉米严重减产。推广旱三熟制以后，在冬小麦播种时预留空行，麦收前 35～40 天套种春玉米，麦收后又在玉米行之间起埂栽插甘薯，避开了夏旱和伏旱，充分利用降雨，并提高了光能利用率。旱三熟间套种全年每亩可收获 700～800 千克，比两茬复种增产 150～200 千克。

2. 小麦或马铃薯套种玉米　在海拔 800 米以上、生长期较短的丘陵高寒地区，每年种植一季有余，种植两季又显不足。自 1970 年以来发展小麦或马铃薯与玉米两茬套种，解决了两熟稳产和均衡利用光、热资源问题，在云南省中、北部推广种植约 20 万公顷，一般比单种玉米增产 30%左右。

3. 小麦-玉米-水稻间套种，并与双季稻轮作　西南双季稻产区早春气温不稳定，早稻播种后易烂秧。秋季气温下降快，阴雨寡照天气多，日照时数只有1 200～1 600小时，影响晚稻抽穗开花，降低产量。实行小麦－玉米－水稻间套种，把玉米提前套种在小麦行间，实现早种早收，可比早稻稳产。同时，一季晚稻还比双季稻提早栽插 10 多天，避开了后期低温天气。这种方式还兼有水旱轮作的优点。从商品粮需求方面来说，减少了低质量的早稻生产，扩大了南方急需的小麦和玉米生产，缓解了早稻供过于求和旱粮供应不足的矛盾。

（三）西南山地丘陵区种植的主要玉米品种

玉米在西南山区有较悠久的历史，一直是当地重要的粮食和饲料作物。本区地形复杂，气候多变，土壤贫瘠，经济不发达，虽然施行间套复种制，但投入较少，耕作粗放，农民生活较贫困，限制了玉米生产水平的进一步提高。但这种特殊的地理气候和人文生产条件决定了西南山区是我国玉米种质多样性最丰富的地区。其中种植的骨干品种有成单 14、中单 2 号、川单 9 号、雅玉 2 号、掖单 13、沈单 7 号、成单 13、绵单 1 号等。此外，这里还种植一些改良的开放授粉品种和顶交种等。

三、配套技术

（一）农田基本建设

农田基本建设，为发展农业生产在土地上采取工程措施或生物措施，兴建能在生产上长期发挥效益的设施。是为利用和改造自然，发展农业生产，实现稳产高产，对农田进行改造和建设所采取的措施的总称。西南地区有着丰富的水资源。但由于幅员辽阔、地形复杂和时空分布不均，水资源开发利用率不高。

农田基本建设的内容包括平整土地，修筑梯田，改造坡耕地，改良土壤，营造农田防护林，兴修农田水利等。为了提高农田基本建设的效益，在实施中需要多项目的配合，坚持山、水、田、林、路综合治理。进行农田基本建设，可以把荒芜未利用的土地开辟为耕地、牧场、果园或林地，扩大农业用地，并且可以提高农、林、牧等各类农用地的质量，增强抗御自然灾害的能力。

山、水、田、林、路综合治理措施，以及以防治水、旱、涝、渍、碱等农业自然灾害的农田水利建设措施和平整土地，建设畦田，改良土壤，保持水土，营造农田防护林等单项措施。开展农田基本建设，可改变农业生产的基本条件，提高抗灾能力，挖掘自然生产潜力，扩大稳产高产农田面积，为农业生产机械化、园田化和集约化创造条件，提高土地生产率。

坚持以改土治水为中心的农田基本建设，在西南山区丘陵地区实行以提高土壤肥力和中小河流综合治理为中心的农田基本建设；对主要的低产土壤（包括盐碱土、沼泽土、红壤、冷浸田、咸酸田等）进行综合治理，均收到较好效果。

（二）土壤培肥制度

土壤培肥制度是指通过人为措施提高土壤肥力的过程。在一定的耕作制度下，通过精耕细作，合理施肥和灌溉等措施，使土壤不断增进肥力，向获得高产、稳产的方向发展。其基本措施包括：①增施有机肥料，培育土壤肥力。②发展旱作农业，建设灌溉农业。③合理轮作倒茬，用地养地结合。④合理耕作改土，加速土壤熟化。⑤防止土壤侵蚀，保护土壤资源。

农作物产量的提高与农作物良种推广、优化配方施肥的实施、栽培技术的改进等直接有关，其中农业投入特别是化肥施用的增加，对增产的贡献占有相当大的份额。随着化肥施用量增加带来粮食增产的同时，化肥盲目施用所带来的负面影响也显现出来，在西南部不少地方，特别是城郊农村，化肥过多施用已使一些土壤受到污染，农产品产量和质量显著降低。不少地方在推行配方施肥时缺乏有机肥与微肥的搭配，使土壤营养元素的供应严重失调。通过在西南丘陵区进行多点多年定位监测结果表明，该地土壤有机质、全氮、速效氮、速效磷、速效钾的含量均有不同程度的下降。在其中部分地区土壤有机质的下降、化肥肥效的降低、土壤板结等土壤质量下降的趋势还在不断加大。

西南地区退化土壤生态重建的关键技术应该围绕培肥退化土壤这一中心，将当今农业生产中各种先进农业技术互相融合集成，实现农业生产增产与持续发展的最佳效果。

（三）灌溉水管理制度

西南地区节水灌溉类机械数量很少，远低于全国平均水平。对于排灌动力机械，重庆市拥有量为83.31万台，四川省拥有量为56.05万台，贵州省拥有量为39.11万台，云南省拥有量较少，为22.13万台；对于农用水泵，重庆市拥有量最多，为83.31万台，拥有量最少的为云南省，为18.12万台；节水灌溉类机械拥有量最多的是四川省为1.48万台，最少的是重庆市为0.1万台。根据作物需水要求，适时适量地灌水，用先进的科学技术手段对土壤墒情和灌区输配水系统的水情进行监测、数据采集和计算机处理，可以科学有效地控制土壤水分含量，进行合理调度，做到计划用水、优化配水，以达到既节水又增产的目的。

同时，要重视和加强节水管理，改变目前农业用水水价过低、不利于节水的状况，实行按成本收费、超计划用水加价等政策。要建立健全节水管理组织和技术推广服务体系，完善节水管理规章制度。

（四）土壤耕作制度

西南地区耕地传统上均保持以翻耕为主，实行一年多次的重复翻耕，精耕细作的耕作制度。旱耕地种 2～3 熟，短期经济作物以轮作为主，秋冬闲田很少。

结合西南地区气候和山区耕地所处的环境和土壤所具有的特点，建立西南地区耕地保护性耕作体系的基本方法，因地制宜地研究适应山区旱耕地机械化保护性耕作技术体系，采用免耕、少耕、开等高小犁沟蓄水、适时深松、按时浅松、绿肥覆盖、坡度较小的山地选用中小型号的山地农机具与中小型拖拉机配套作业，坡度较大的则只能采用部分机械和部分人力、蓄力配合作业等保护性耕作措施。真正能替代传统落后的翻耕耕作和刀耕火种的耕作方法。充分合理利用处理好土地资源，降低生产成本，增加土地的产出效益，防止水土流失、降低土壤荒漠化和石漠化，达到保护耕地、合理利用耕地、保护生态的、实现西南地区农业的可持续发展。

（五）病虫害杂草防除制度

病虫害杂草防除制度主要目的是控制杂草的繁生与为害，以改善农作物和人类生产、生活环境的措施。杂草防除主要有以下几种方法：人工除草、机械除草、化学除草、物理除草，生物除草等。

由于经济水平低下等因素，西南地区目前病虫害杂草防治主要依靠人工除草，通过手工拔草和使用简单农具除草。耗力多、工效低，不能大面积及时防除。机械除草使用的是畜力或机械动力牵引的除草机具。一般于作物播种前、播后苗前或苗期进行机械中耕耖耙与覆土，以控制农田杂草的发生与危害。工效高、劳动强度低。缺点是难以清除苗间杂草，不适用于间套作或密植条件，频繁使用还可引起耕层土壤板结。

防治病虫草害是保护性耕作技术的重要环节之一。为了使覆盖田玉米作物生长过程中免受病虫草害的影响，保证农作物正常生长，目前主要用化学药品防治病虫草害的发生，也可结合浅松和耙地等作业进行机械除草。

（六）农业服务制度

农业服务业作为现代农业的重要组成部分，主要包括科技技术推广、灌溉服务、农产品初加工服务、检疫等，在拓展农业外部功能、提升农业产业地位、拓宽农民增收渠道等方面都发挥着积极作用。西南地区总体农业服务总体水平还比较低，制度不够健全，但是目前已建立了一套为农业服务的农技推广、生产资料供应、农产品统购、加工、农用工业等与当时的农业管理体制和经营机制相对应的支撑体系。

截止到2009年末，西南山地丘陵地区农业机械化管理机构（包括省、地、县、乡各级）一共有6 508个，机构总人数18 669人，其中科技人员9 980个；农业机械化教育、培训机构共294个，机构总人数为2 620人，其中科技人员1 764个；农业机械化科研机构22个，机构总人数为588人；农机试验鉴定机构每省、市各有1个，机构总人数为138个；农业机械化技术推广机构共422个，机构总人数为2 228人，其中科技人员1 513个；农机安全监理机构共473个，机构总人数为3 175人，其中科研人员1 666个；农业机械化作业服务组织共35 143个，总人数为153 969人；农机化中介服务组织共955个，总人数为8 765人；农机修理厂及修理点共30 486个，总人数为74 392人；农机经营机构共1 760个，总人数为8 705人；其他企业组织机构总数为273个，总人数为3 520人；乡村农机人员总人数为4 869 281人。这些组织与机构及其相关人员构成了西南地区农业机械化管理—服务—作业系统，也是本地区农业机械化发展的基础。

第二节　西南山地丘陵区玉米生产机械化现状

西南山地丘陵地区的玉米生产机械化水平还相当低（表5-3），综合机械化水平只有4.9%，远远低于全国的平均水平60.24%。这一方面是由于山地丘陵多、地块小、水田多，另一方面与经济发展水平低、资源开发利用不够、产业结构未能合理调整有很大关系。

表5-3　2009年西南山地丘陵区玉米生产机械化情况

	综合机械化水平（%）	机耕水平（%）	机播水平（%）	机收水平（%）
全　国	60.24	83.55	72.48	16.91
重　庆	23.59	58.98	0.00	0.00
四　川	8.11	11.61	11.56	0.00
贵　州	0.43	0.96	0.11	0.04
云　南	11.07	15.79	15.79	0.05
合　计	4.90	12.18	0.08	0.03

其中播种阶段以及收获阶段的机械化水平最低，分别只有0.08%和0.03%，与全国平均水平相差极大。

从各省的玉米生产耕、播、收三阶段综合机械化水平指标来看，重庆省的综合机械化水平最高，达到了23.59%；四川和云南综合机械化水平分别为8.11%和11.07%；最低的是贵州，只有0.43%。

西南地区这4个主要农业生产省、市的玉米机械化水平均位列全国各省之末，包括耕、播、收、灌溉、植保等各个方面机械化水平与全国平均水平都相差甚远，这与其土地总面积和耕地面积在全国的比重不相适应，农业机械化水平亟待提高。

一、耕地环节

西南山地丘陵地区玉米生产机械化程度低（图 5-1），主要机具保有量较少（表 5-4），主要以人力和畜力来进行传统的翻耕耕作，对该地区水土保持造成巨大的危害。

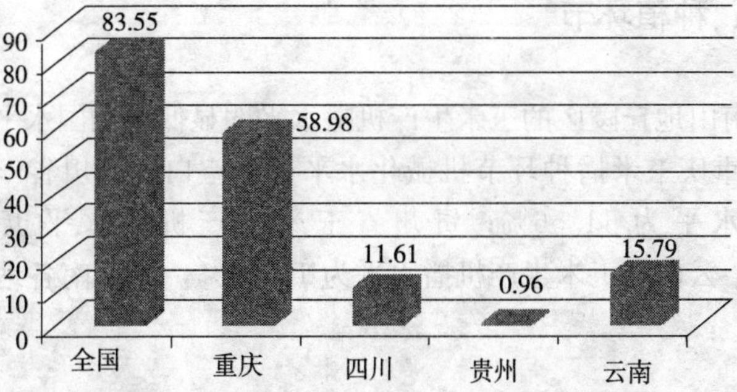

图 5-1　西南山地丘陵区玉米生产机耕水平

其中重庆耕整地机械拥有量为 14.69 万台，玉米生产机耕水平为 58.98%，在西南各地区里最高，但仍低于全国平均水平；四川省耕整地机械拥有量为 54.92 万台，玉米生产机耕水平为 11.61%；贵州省耕整地机械拥有量为 14.56 万台，玉米生产机耕水平为仅为 0.96%，在西南各地区里面最低；云南省耕整地机械拥有量为 41.64 万台，玉米生产机耕水平为 15.79%。

表 5-4　西南丘陵地区耕整地机械拥有量

	耕整机（万台）	机耕船（万艘）	机引犁（万台）	旋耕机（万台）	深松机（万台）	机引耙（万台）	合计
重庆市	14.20	0.00	0.03	0.44	0.00	0.02	14.69
四川省	34.13	0.03	7.55	9.85	0.01	3.35	54.92

（续）

	耕整机（万台）	机耕船（万艘）	机引犁（万台）	旋耕机（万台）	深松机（万台）	机引耙（万台）	合计
贵州省	8.45	0.04	2.02	2.45	0.01	1.59	14.56
云南省	14.12	0.01	10.75	10.88	0.35	5.53	41.64
合　计	70.9	0.08	20.35	23.62	0.37	10.49	125.81

二、种植环节

西南山地丘陵区的玉米生产机播水平明显低于全国水平（图5-2），重庆玉米播种环节机械化水平近于空白；四川省玉米生产机播水平为 11.56%；贵州省玉米生产机播水平也仅为0.11%；云南省玉米生产机播水平为 15.79%，在西南各地区中最高。

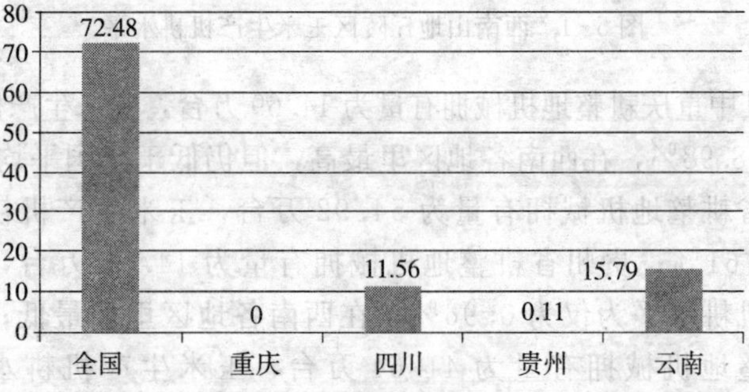

图 5-2　西南山地丘陵区玉米生产机播水平

三、田间管理环节

西南山地丘陵区玉米种植的田间管理环节机械化水平总体上

与全国平均水平相差较大（图 5-3）。其中机电灌溉水平最高的是重庆市为 7.34%，最低的是贵州省仅为 1.22%。机械植保水平最高的是四川地区，为 22.04%，接近于全国平均水平；贵州省机械植保水平最低，仅为 2.64%。

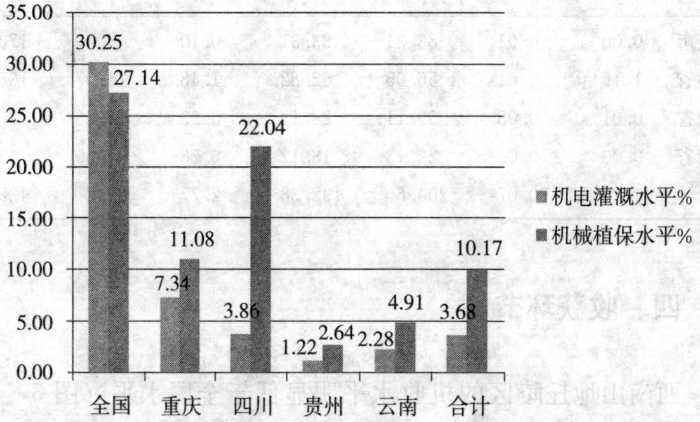

图 5-3　西南山地丘陵区玉米生产田间管理环节机械化水平

田间管理机械可分为化肥深施机、地膜覆盖机、排灌动力机械、农用水泵、节水灌溉类机械以及机动喷雾（粉）机等。对于化肥深施机，重庆市、云南省拥有的数量较少，四川省拥有 1.16 万台，贵州省为 100 台左右；对于地膜覆盖机，重庆市、四川省拥有 100 台左右，云南省拥有量较少，几乎为空白，贵州省拥有 500 台左右；对于排灌动力机械，重庆市拥有量为 83.31 万台，四川省拥有量为 56.05 万台，贵州省拥有量为 39.11 万台，云南省拥有量较少，为 22.13 万台；对于农用水泵，重庆市拥有量最多，为 83.31 万台，拥有量最少的为云南省，为 18.12 万台；节水灌溉类机械拥有量最多的是四川省为 1.48 万台，最少的是重庆市为 0.1 万台；机动喷雾（粉）机拥有量最多的是四川省为 14.57 万台，最少的是贵州省为 2.66 万台（表5-5）。

表5-5　西南丘陵地区田间管理环节机械拥有量

	化肥深施机（万台）	地膜覆盖机（万台）	排灌动力机械（万台）	农用水泵（万台）	节水灌溉类机械（万台）	机动喷雾（粉）机（万台）	合计（万台）
重庆市	0.00	0.01	83.31	83.31	0.10	3.37	170.1
四川省	1.16	0.01	56.05	62.82	1.48	14.57	136.09
贵州省	0.01	0.05	39.11	28.13	0.93	2.66	70.89
云南省	0.00	0.00	22.13	18.12	0.26	4.60	45.11
合　计	1.17	0.07	200.6	192.38	2.77	25.2	422.19

四、收获环节

西南山地丘陵区的机收水平明显低于全国水平（图5-4），重庆玉米收获环节机械化水平处于空白；四川省玉米收获环节机械化水平处于空白；贵州省玉米生产机收水平也仅为0.04%，云南省玉米生产机收水平为0.05%。

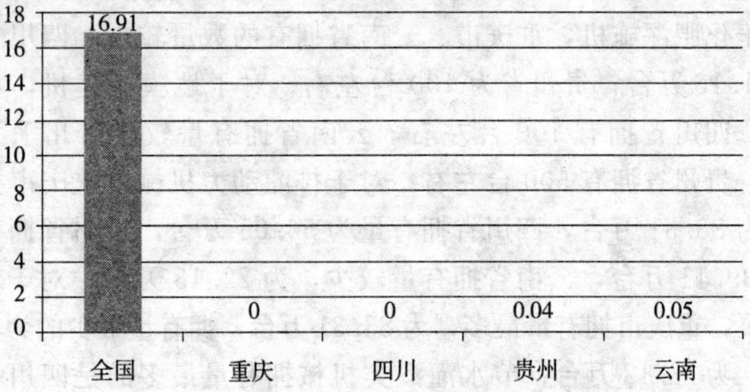

图5-4　西南山地丘陵区玉米生产机收水平

第三节　西南山地丘陵区玉米种植机械化装备与技术需求

西南山地丘陵区玉米种植机械化工艺方案的制定要以实现抗旱增收和保水保土为目标，以埋秆覆盖、免耕播种为核心，重点应考虑以下几条原则：

（1）作物收获后留根茬及秸秆还田覆盖。以根茬固土和秸秆覆盖减少风蚀及土壤水分的蒸发，是保护性耕作的核心。因此，机械化作业工艺、规范的制订，必须以留根茬及秸秆覆盖为基础。

（2）减少或取消土壤耕翻作业。当土壤底层板结时，可以用深松犁松土，取代传统的翻耕作业。另外，可以利用适用的免耕播种机在留根茬和秸秆覆盖的农田进行免耕播种，是实现保护性耕作核心技术的关键手段。因此，选择先进适用的免耕播种机具是保护性技术示范推广的最重要一环。

（3）控制杂草及病虫害。生产作业工艺要根据当地病虫害发生时节等情况，播种前应采用药剂拌种处理、出苗期喷洒除草剂、出苗后期机械或人工锄草等综合措施。

（4）在保证播种质量的前提下，要尽可能减少机械作业。应根据秸秆覆盖量和表土状况确定是否需进行表土处理。

（5）播种时尽可能采用复式作业机具。

（6）表土作业应在播种前进行，以防止因过早作业引起失墒和风蚀。

总之，在制定玉米机械化生产工艺方案时，必须根据当地的自然气候条件、农业机械化程度、劳动力情况、经济条件、生产规模以及社会化、专业化的程度等具体情况并结合西南地区玉米生产农艺技术规范，在总结当地生产实践的基础上选择最佳的机械化生产工艺方案。

一、机械化工艺流程

西南山地丘陵玉米种植区玉米生产机械化体系的研究流程是：开沟—捋秆—施肥—喷水—秸秆粉碎和表土作业—免耕施肥播种—田间管理—收获—秸秆处理。具体包括以下方面：

1. 开沟 机收后将玉米秸秆割倒平铺在厢内，埋秆覆盖机下地顺行开沟，开沟的宽度、深度和沟间距应根据玉米的长势、秸秆量多少以及行距的大小来确定。

2. 捋秆 埋秆机开沟后，第二道作业工序就是将沟周围的秸秆顺势捋入沟内，应保证至少有40%～50%的秸秆量被埋入，同时也应保证有一定量的秸秆量覆盖地表。

3. 施肥 埋入秸秆后应施入少量氮肥，因为秸秆埋入土壤中腐化需要吸收大量的氮，施入一定量的氮肥有助于加速秸秆的腐烂进程，同时也减少了秸秆在腐烂过程中从土壤中吸收氮，避免与种子发芽时争肥。

4. 喷水 秸秆在腐烂过程中也需要吸收大量的水分，喷入一定量的水也可加速其腐烂，从而也避免了其腐烂过程中与种苗争水。

5. 秸秆粉碎和表土作业 为保证播种质量，应用秸秆粉碎机将地表秸秆进行粉碎。如发现地表因埋秆机覆土而造成土表不平应对地表进行表土作业，以改善地表状况，避免秸秆堆积以堵塞播种机，提高免耕播种机的通过性。

6. 免耕施肥播种 种子应播在沟与沟之间的垄上，不能播在沟上，因为秸秆在腐烂过程中会产生一定热量，如将种子播在沟内，很可能会烧种。另外，当苗长得一定高度时，由于沟内埋有秸秆，苗的根系就很难着土，很容易产生倒伏，从而造成减产。

7. 田间管理 为了防止杂草滋生，玉米播完后一个星期左右时应喷洒除草剂一次，全面封闭地表，抑制杂草。玉米出全苗后，应根据出苗情况进行间苗、补苗等。一般亩苗数应控制在4 500株左右；若缺苗不多，可以用间出的苗进行补苗，若缺苗较多，则应补种，补种时应先将种籽在水中浸泡 24 小时，使种籽吸足水分。

8. 收获　玉米收获时最好选用摘穗收获工艺，不要将玉米苞皮留在地里，因为玉米苞皮韧性大，不易腐烂，留在地里会影响播种作业。

9. 秸秆处理　收穗后的春玉米秸秆要作为覆盖物留在田间，根据耕作体系的不同，其覆盖方式也有所不同，主要有以下 2 种。一是整秆覆盖，其又分为立秆和倒秆 2 种形式。立秆覆盖可保证地表有较多的秸秆，不易被风刮走，但立秆覆盖由于地表裸露较多，保水保土的功能较差，一般不宜采用。倒秆覆盖是指玉米收获后用机械将秸秆压倒铺放在行间，压倒时注意应顺风向压倒，因其有良好的覆盖效果，而且由于秸秆与根茬连接，不易被风刮走，同时顺行压倒后也可抑制杂草的滋生。二是粉碎覆盖。粉碎覆盖是指玉米收获后用秸秆粉碎机将秸秆粉碎，均匀地覆盖在地表。这种方式覆盖效果好，保水能力强，但粉碎后的秸秆易被风刮走或在田间堆集。所以对粉碎后的秸秆覆盖地可采用缺口圆盘耙（重耙）耙地，耙地可将秸秆部分混入土中，减少秸秆被大风刮走或堆集的可能性，也有利于冬季降水的入渗，同时也有部分平地和除草功能。

二、流程各环节注意事项

（一）机械化技术需与其他技术相结合

（1）把机械化技术与地膜覆盖技术组合在一起应用于玉米栽培上，称为玉米机械化地膜覆盖技术。应用玉米机械化地膜覆盖技术，播种时，一般选用 14～18.4 千瓦的小四轮拖拉机带动

2BM-3型铺膜机进行铺膜播种作业，能一次完成平地、施肥、铺膜、打孔播种、膜边覆土等作业。

（2）机械化技术与玉米秸秆还田技术组合。用于玉米秸秆还田的机械有秸秆还田旋耕机、甩刀式碎土灭茬机、装有覆土器的深耕犁、高架深耕犁、秸秆粉碎抛撒机等。

（3）机械化技术与行走式节水灌溉技术组合。行走式节水灌溉技术是利用拖拉机或农用运输车配带水箱和灌溉机具，在行走过程中进行灌溉作业的一项新技术。近几年来，全国多个省区已经把机械化技术与行走式节水灌溉技术组合起来应用在玉米栽培上，收到了较好的效果。

（4）机械化技术与宽窄行交替平作技术组合。机械化玉米宽窄行交替平作技术是将机械化技术与宽窄行交替平作技术组合起来应用在玉米栽培上的组合技术。这种技术把精量播种技术、深松蓄水技术、高根茬覆盖还田技术、宽窄行交替种植技术融合在一起，适宜于年降水量为500毫米左右的一年一收种植区。

（二）灌溉水制度

灌溉水制度优化措施：评价水分生产率的特点之一在于该值的大小取决于灌溉用水尺度的规模。为此，改善水分生产率的灌溉水管理策略不仅涉及不同的灌溉用水尺度范畴，且随着分析尺度的不断扩大，提高相应水分生产率的努力不仅来自个体用水户所采用的水管理活动，还有赖于在灌区和流域范围内采取的灌溉水管理改善举措，需要综合考虑旨在提高水分生产率的不同尺度灌溉水管理策略间的相互作用与影响。

在作物、田间和玉米田尺度，水分生产率的提高主要取决于农户采用的各种提高作物生产力的相应措施与技术。对于农户提高水分生产率的灌溉水管理策略与技术而言，作物尺度主要涉及更为有效的植物生理学措施和作物良种培育，田间尺度主要为减少无效蒸发及提高土壤肥效的各种农艺措施，玉米田尺度主要是保障灌溉供水及时准确配置的灌排工程措施。由于上述策略与技术间存在着较强的互补性和协同性，故在作物、田间和玉米田尺度层面上鼓励农户改进玉米田水管理的大多数活动都涉及植物生理学、农学和农业工程等技术措施的组合应用问题，但有必要区分采用以上不同策略与技术所产生的单一效应，这有助于识别不同灌溉用水尺度的水分生产率。

在灌区尺度，可靠的玉米田配水和排水策略与技术以及灌排工程系统的高效运行管理，都有助于农户的高效用水，而其他一些工程和农艺措施则有助于减少灌区出流，提高水分生产率。流域尺度提高水分生产率的典型策略包括，在农业内部以及在不同用水部门之间使水量从低产值的用户转向高产值用户的科学配置，基于灌排工程设施或地下水调控措施，循环再利用玉米田排水也是提高水分生产率的重要途径。此外，对来自不同用水部门的退水进行水质处理后加以利用，可提高流域水分生产率，而完善的土地利用策略也有助于改善流域水分生产率。

在玉米田与灌区尺度之间，当采用新技术和新品种等玉米田水管理措施导致灌水量需求下降时，这典型地表现为玉米田需水量变化下的灌区尺度响应问题。玉米田需水量的减少或许会导致水分生产率的明显提高，但灌区尺度的水分生产率则有可能保持不变，除非可确保节余的水量能在灌区内得到有效利用。

此时，应针对玉米田需水量下降的现状，制定灵活便利的渠系配水规则与工程运行管理计划，在水管单位与用水户间建立起必要的直接联系，并持续地评价玉米田需水变化动态。另一方面，当灌区可利用水量下，必须采用相应的玉米田水管理活动以增加水分生产率，这典型地表现为灌区供水量变化下的玉米田尺度响应问题。此时，宜于采用的改善玉米田水分生产率的措施包括减少灌溉面积、降低单位面积用水量、采用节水灌溉方式、缩短灌溉季节等，明显的节水效益是农户试图提高水分生产率的直接诱因。

玉米田或灌区与流域尺度间在改善灌溉水管理策略的关联性

上较为难以识别及描述。对流域不同部门的用水需求而言，城市和工业要比农业易于精确量化，由于生态需水仍未能清晰定义，进而导致整个配水过程相当困难，尤其是在水权没有依据用水需求的变化以及优先次序发生改变时更为如此。

流域水量配置必须考虑相同水量定额下的多用途问题，灌溉水管理将决定着相应的协同使用效果，虽然建立流域水管单位在很大程度上有利于水量在不同部门间的合理配置，但实际水管理活动却常取决于采取单边行动的个体单位。在封闭流域部分面积上采用的水管理措施或许会影响其他面积的水土利用现状，但其利弊却难以定量。为此，人们需从整个流域的观点出发，评价玉米田或灌区与流域尺度间在灌溉水管理策略上的关联性，以试图提高相应尺度的水分生产率。

（三）保护性耕作

保护性耕作技术是对玉米田实行免耕、少耕，尽可能减少土壤耕作，并用作物秸秆、残茬覆盖地表，或保留高根茬秸秆30%以上和作物残留物覆盖率不低于30%的耕作技术。是一项提高土壤肥力和抗旱能力的先进耕作技术。

机械化保护性耕作技术与传统耕作技术相比可减少土壤风蚀、水蚀，减少土壤流失和抑制农田扬尘的功效，提高土壤肥力和抗旱能力；能明显提高旱区粮食产量、降低农业生产成本、改善生态环境、促进农业可持续发展等特点。主要应用于干旱、半干旱地区农作物生产。

玉米机械化保护性耕作包括四项内容：

1. 田间秸秆覆盖技术 将30%以上的玉米秸秆、残茬覆盖地表，用高根茬固土，保护土壤，减少风蚀、水蚀和水分无效蒸发，提高天然降雨利用效率。

2. 免耕、少耕技术 改革铧式犁翻耕土壤的传统耕作方式，实行免耕或少耕。免耕就是除播种之外不进行任何耕作，使用免耕播种机将种子播在秸秆覆盖的土壤中。少耕包括深松与表土

(浅旋、浅耙) 耕作，深松即疏松深层土壤，基本上不破坏土壤结构和地面植被，可提高天然降雨入渗率，增加土壤含水量。

3. 免耕、少耕播种技术　在有残茬覆盖的地表实现开沟、深施肥、播种、覆土、镇压复式作业，简化工序，减少机械进地次数，降低成本。

4. 杂草、病虫害控制和防治技术　依靠化学药品防治病虫草害发生，也可结合浅松和耙地等作业进行机械除草。

(四) 深松技术

深松由于动土量小，耕层土壤结构不变，其主要作用是疏松土壤，打破犁底层，增强降水入渗速度和数量。减少了由于翻耕后裸露的土壤水分蒸发损失。深松方式可选用局部深松或全方位深松。

三、配套机器系统

我国西南山地丘陵山区经济发展水平低于全国平均水平，因此农户在购买农机上存在一定的经济障碍。该地区不仅缺乏适宜丘陵地区的中小型农业机械，而且很多作物的生产机械化技术仍处于试验开发阶段。

(一) 配套机器系统设置原则

因为以丘陵山地为主的地形，其农业机械化就要求以小型、轻便的农业机械为主，大中型农业机械很难在这类地区得到推广应用。长期以来，我国农机科研机构及生产企业将重点放在大中型农机具研发和生产，忽视中小型轻便农机具的研发。大中型农机具适合平原地区地形特点，但无法满足丘陵及山区高低不平、田间沟埂纵横的地形要求。目前我国小型农机设备发展严重滞后，中小型机械品种单调，技术可靠性差，机械性能、产品质量不稳定。部分厂家粗制滥造，随意抬高价位，机具性价比失调。

(1) 因地制宜地选择农业机械、机械化技术与率先实现机械化的生产环节。西南山地丘陵区宜选小型、微型农业机械；丘陵山地应注重灌溉设备、机耕道以及旱作节水农业机械化技术。

（2）借鉴外国和国内其他地区的有关经验。例如，在台湾广泛建立并使其水稻生产机械化水平达到95%的农机租赁服务站与水稻育秧中心就很值得学习。

（3）集成相关的技术、措施与政策。例如，农机与农艺；技术与管理；研究、开发与推广；机压灌溉与自压灌溉等均可很好地结合起来。

（4）根据当地的自然经济条件在机械化技术、农业机械的管理与农机推广、服务体系的建立以及相关政策的制定等方面实施创新。

（5）为农机制造厂、经销商、科研工作者和农民建立信息系统、数据库、信息交换系统、发布市场需求、新产品、研究成果与政策的系统，提供软硬件服务。

（6）规划与改造耕地，改良土壤，修建和维护机耕道，修建和改造水库和泵站及其配套设施。

（二）配套机器及技术

1. 机械系统　进行机械系统设计时需要注意以下事项：

（1）提高单位面积产量。单位面积产量是评价机器系统方案的一项重要指标，由于在农业生产过程中影响产量的因素比较复杂，因此，在分析各种方案时，要考虑在其他条件相同，或排除其他因素影响的情况下，才能得到比较合乎实际的结果。同时，由于每年自然条件的差别，需观察对比几年的情况才能得出比较可靠的结论。

（2）降低能量消耗和作业费用。完成同样的作业工序，应尽可能降低能量消耗、辅助过程的劳动消耗和作业费用；在保证高产稳产的前提下，应尽可能地减少作业次数，不仅要考虑现在的作业工序，还要考虑对以后的作业的影响，特别是要考虑到对产量的影响；要选用标准化、系列化、通用化的机器设备和实现复式作业或联合作业，降低动力消耗、生产成本和管理成本，使机具生产定额和设备利用率合理。

(3) 设计机器系统方案时，不仅要考虑直接经济效益，而且还要考虑对生态环境的影响。例如，农药及化学药剂的使用，一方面要防治病虫害和抑制杂草，保证作物的正常生长，为提高单位面积产量创造条件，另一方面也要保证作业质量，提高作物出产率，并能改善和保持作物生长条件和生态环境，减少对环境污染以及对人体和生物产生有害影响。

(4) 要保证先进的生物技术、化学技术和工程技术相结合，农机与农艺技术相结合，实现工艺过程的系统化、自动化、连续化和机械化。

(5) 要有适度的灵活性和必要的抗干扰能力，以便适应类似作业要求，提高机器系统的应变能力和可靠性。机械化保护性耕作机器系统的制定应在保护性耕作区划的基础上确定机械化保护性耕作作物后，拟定农作物生产工艺方案，确定保护性耕作机械化项目，再进行动力机械和作业机械的选型，并对拟定的系统进行评价和可行性分析，最后编制机器系统表。

西南山地丘陵区机械化耕作机械系统流程框图如图 5-5。

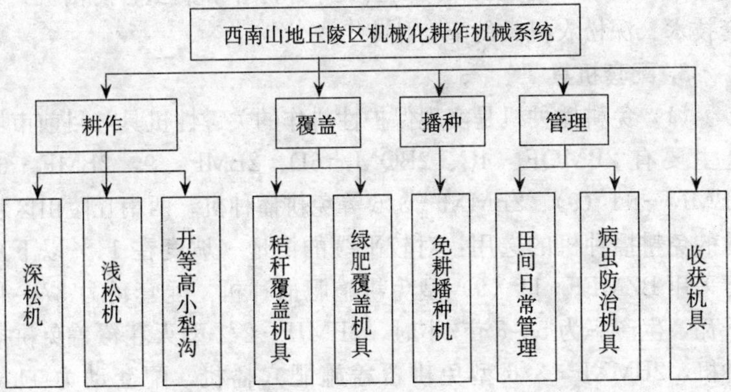

图 5-5　西南山地丘陵区机械化耕作机械系统流程框图

2. 配套技术 作业机具型号的选择应该注意，所选择的作业机具型号与农艺要求相适应以及农机具型号符合拖拉机的配套要求；为了提高作物单位面积产量，应在适合农艺的前提下尽量减少各项作业消耗；应注意农机具是否具备良好的通用性，其零配件是否是标准化、通用化和系列化的。

合理配置农机设备是实现保护性耕作的前提。由于一方面，保护性耕作既要求对土壤实行免耕或少耕，又要保持土壤的疏松；一方面，要防止暴雨下旱耕地地表径流，必须进行土壤表面的绿肥残茬覆盖和耕作保墒；再一方面，要满足在旱耕地上进行农机具作业的适应性。复式作业或联合作业机组不仅可以减少田间通过次数，降低能耗，减少资金和劳动消耗，而且有利于保持土壤结构，防止水土流失，使拖拉机功率得到合理利用。要求农具产品和零部件实现标准化、通用化、系列化是为了实现专业化生产，提高产品质量，降低价格，并保证充足的零件供应。由于农机具的价格高，每年的工作时间短，如果一种农机具通过更换不同的工作部件而能适应多种作业，则将大大减少农机具的投资和降低作业费用。因此，结合云南旱耕地多为山坡地的特点，制定以重心较低的中小型农机具为主的配套技术，包括免耕播种机具的配套技术、覆盖机具的配套技术、除草和病虫害防治机具配套技术、深松农机具的配套技术。

3. 配套机具

（1）免耕播种机是实现保护性耕作的关键性机具，目前市场上主要有 2BMQF - 4C、2BQM - 6D、2BMF - 9、2BMF - 6、2BMFF - 11（9）、2BMXF - 3/6 等免耕播种机。西南丘陵山区耕地的免耕播种机的选用：对较平缓的山地（坡度在 14%以下），可采用 BZMFF - 11（9）型免耕施肥播种机，配套动力 37～40 千瓦，生产率为 5～8 亩/小时，2BMJF - 2/2 型灭茬覆盖免耕播种机，2BMXF - 3/6 型免耕覆盖施肥穴播机，配套动力 11～14.7 千瓦等；对较陡的山地（坡度在 14%以上），则选用

2BMQF-4C、2BQM-6D等免耕播种机则较为理想。

（2）绿肥或作物还田切碎机采用Q4圆盘式系列（1.5、2.0型），该系列机可以与重心较低的上海-500型、X195型手扶拖拉机配套；采用IKS小时-25单铧犁或山地犁开沟器处理土壤以防止地表径流。

（3）植保机械采用工农-16型喷雾器、3WF-3A型喷粉喷雾机、丰收-10型喷粉器、HF-35型烟雾机进行除草和病虫害防治农药喷施。

（4）适宜配套的深松机具有ISQ-240型（配套动力上海—50，作业深度30～40厘米，工作部件2组），ISQ-140型（配套动力上海-50，作业深度29.5～40厘米，工作部件1组），ISQ-127型（配套动力11～14.7千瓦小型拖拉机，作业深度24～27厘米，工作部件1组）；采用3GZ-6型悬挂式深松机或ISY-120型带翼铲深松机进行深松处理。通过深松作业，改善土壤透气性和保水性，提高作物的根系生长。

（5）埋秆覆盖机。目前还没有比较合适的埋秆覆盖机可供选择，需要对其进行设计。埋秆覆盖机需一次完成开沟、捋秆、施肥、喷水、覆土等多项作业。其技术性能指标主要有：工作幅宽2400毫米：一次可开3条沟，沟深30～40厘米，沟宽30厘米；可将内的40%～50%秆埋入沟内；作业效率为0.2～0.33公顷。

（6）玉米联合收获机。目前专用小型玉米联合收获机较少。

（7）旋耕机。由于保护性耕作每年都有大量的作物秸秆还田后覆盖在土壤表面，经过一段时期后土壤表层必然会有很厚的一层疏松腐烂的作物秸秆，这些覆盖物虽然能够提供大量的有机肥料，但同时也给免耕播种机的田间行走带来很大的困难。作物秸秆覆盖过厚、土壤表层过于疏松，不利于种子与土壤的接触，更不利于种子压实，容易造成种子架空，导致出苗率不能够得到保证。

每隔2～3年对表层土壤进行旋耕，将土壤表面的作物秸秆与土壤充分混合一次，一方面可以保证下茬作物作业时机器的良好通过性，另一方面可以改善深层土壤的物理化学性状。对土地进行旋耕和深松作业最好能够交叉隔年进行，以达到覆盖与增肥，保证免耕播种质量与方便机车田间管理行走的最佳效果。旋耕机的种类繁多，目前选用较多的机型如表5-6所示。

表5-6 旋耕机种类

产品名称	工作幅度（毫米）	耕深（毫米）	作业效率（公顷/小时）	配套动力（千瓦）	价格（元）	生产厂家
IGQN－250S	2 500	120～160	0.67～0.87	44.10～51.45	5 200	连云港旋耕公司
IGQN－200S	2 000	120～160	0.50～0.70	40.43～44.10	4 500	山西旋耕公司
IGN－200	2 000	160～180	0.27～0.97	40.43～58.80	8 500	无锡硕放农机公司
IGN－140	1 400	120～160	0.33～0.53	18.83	4 800	南昌机械厂

第六章

西北灌溉玉米区玉米生产机械化技术

第一节 引 言

玉米是我国西北干旱半干旱地区的主要粮食作物，其中位于黄河上中游的甘肃、陕西、宁夏三省、区，玉米的种植面积就达180万公顷。由于该区域各地地理及气候条件差异较大，故玉米播种时间不同，分春玉米和夏玉米。春玉米种植主要适宜于一年一作地区，夏玉米种植适宜于一年两作地区，其生产机械化技术全过程包括播前整地、播种、灌溉、中耕、植保、收获、收获后整地等环节。从该区域玉米生产机械化技术的应用状况看，播种机械化技术应用水平和普及程度相对较高，收获机械化技术的应用程度和装备数量相对滞后。播前耕地、灌溉、中耕、植保等环节可采用通用机具作业；播种机械以中小型机具为主；田间管理和深松作业机械以小型机具为主；植保机械以背负式手动或机动弥雾喷粉机居多。制约玉米生产机械化的作业环节主要是玉米机播和收获。

第二节　西北灌溉玉米区玉米播种机械化主要技术内容

一、玉米播种机械化技术和要求

玉米机械化播种技术是指应用机械来完成玉米播种、施肥、覆土镇压等播种作业的全过程。

玉米机械化播种一般采取复式作业，传统整地播种中的开沟、施肥、播种、覆土镇压，铺膜播种中的开沟、施肥、地膜覆盖、膜上播种、覆土镇压，免耕播种中的破茬开沟（防拥堵）、施肥、播种、覆土镇压等所有工序均可一次完成。对作业的基本要求是通过性好、开沟平直、种肥分施、施肥量均匀、播深一致、株距均匀、覆盖严实、镇压适度。免耕播种机应同时具有破茬和分草防堵的功能，铺膜播种机应同时具有膜床整理和覆膜、压膜的功能。

播种深度是机械化播种技术的一个关键质量因素，深度适宜、覆土均匀，有利于苗全、苗齐、苗壮，可以提高群体整齐度，有利于均衡发挥群体生育优势。玉米播种深度主要根据土壤墒情和土壤质地来决定，播深以4～5厘米为宜；黏土或土墒过湿时，播深宜浅，以3～4厘米为好，底墒不足，特别是沙土、沙壤土以及麦田套种玉米，播种深度应当适当增加。

玉米的亩播量一般在2～3千克。种子要精选，质量要高。根据气候条件、自然状况，土壤肥力和土壤水份状况，确定适宜的优良品种。通过种子精选，使种子的纯度、净度、发芽率达到95％以上。为防止地下害虫，确保全苗，播种前进行种子处理，采取农药浸拌，种子包衣及利用机械措施进行种子磁化等方式，使种子经过处理后具有发芽快、发芽率高、幼苗生长速度加快及显著增产、改善作物品质的效果。

施肥量应根据地力和水利条件而定，由于播种机肥箱的原因，限制了底肥施用量，一般情况下亩用底肥 2.5 千克尿素、7.5 千克磷酸二铵和 7.5 千克硫酸钾。施肥深度应控制在 10 厘米左右。种子与化肥间距为 4～5 厘米，过大时会降低肥效，过小时容易造成烧种、灼苗。

播种行距大多为等行距，也有宽窄行。等行距种植行距为 50～70 厘米，这种方式种植行距相等，株距随密度而有所不同。其特点是植株在抽穗前，地上部叶片与地下部根系在田间均匀分布，能充分地利用养分、光、热资源；播种、中耕除草和施肥培土都便于机械化操作。但在高肥水、高密度条件下，在生育后期行间郁蔽，光照条件差，光合作用效率低，群体和个体矛盾尖锐，不利于进一步提高产量。宽窄行种植一般为行距一宽一窄，宽行距 80 厘米，窄行距 40 厘米，株距随密度而有所不同。其特点是植株在田间分布不均，生育前期对光能和地力利用较差，但能调节玉米后期个体与群体之间的矛盾，适合在高肥水、高密度条件下应用。

二、播种方式

春玉米播种方式有传统耕整地播种、传统耕整地铺膜播种和免耕播种 3 种，时间在 4 月底至 5 月上旬。夏玉米播种方式有免耕播种和旋耕播种 2 种，时间在 5 月底至 6 月中旬。

传统整地播种、传统耕整地铺膜播种是在机械耕、整地上用通用播种机械、铺膜播种机械进行的播种作业；免耕播种是在秸秆覆盖地表直接用免耕播种机进行的播种作业；旋耕播种是在秸秆覆盖或经过秸秆捡拾机械捡拾过秸秆的地表直接用旋耕播种机进行的播种作业。

三、工艺流程

(一) 春玉米

前茬作物收获后播种方式不同其工艺流程亦不相同。

1. 传统整地播种

春（秋）耕地→机械整地→开沟→深施化肥→播种→覆土镇压

2. 传统整地铺膜播种

春（秋）耕地→机械整地→开沟→深施化肥→地膜覆盖→膜上播种→覆土镇压

3. 免耕播种

免耕、秸秆覆盖→破茬开沟（防拥堵）→深施化肥→播种→覆土镇压

(二) 夏玉米

1. 夏玉米免耕播种工艺流程

免耕、秸秆覆盖→破茬开沟（防拥堵）→深施化肥→播种→覆土镇压

2. 夏玉米旋耕播种工艺流程

秸秆覆盖或捡拾过秸秆的地表→旋耕→深施化肥→播种→覆土镇压

第三节　西北灌溉玉米区玉米收获机械化主要技术内容

一、玉米收获机械化技术和要求

玉米收获机械化技术是指在玉米成熟时，根据其种植方式、农艺要求，全部（切割、摘穗、剥皮、脱粒、集箱、秸秆粉碎还

田或青贮）或部分生产环节应用机械来完成的作业过程。

在西北干旱半干旱地区的大部分区域，玉米收获机械化的应用技术主要有联合收获秸秆直接还田技术、人工摘穗秸秆还田或加工饲草技术、穗茎兼收技术。

玉米联合收获机作业应满足国家有关标准要求：总损失率（籽粒、果穗）≤4%，籽粒破碎率≤1%，果穗含杂率≤1.5%，玉米秸秆粉碎还田时，割茬高度≤10 厘米，茎秆切碎长度≤10 厘米，还田茎秆粉碎长度合格率≥85%，还田茎秆必须抛撒均匀，抛撒不均匀度≤30%，青贮茎秆切段长度合格率≥95%，青贮茎秆损失率≤5%。

为保证玉米果穗的收获质量和秸秆处理的效果，减少果穗及籽粒破损率，提高秸秆还田的合格率、根茬破除合格率，满足秸秆切段青贮的要求，玉米机械收获应满足以下要求：

（1）实施秸秆青贮的玉米收获要适时进行，尽量在玉米果穗籽粒刚成熟时，秸秆发干变黄前（此时秸秆的营养成分和水分有利于青贮）进行收获作业。

（2）实施秸秆还田的玉米收获尽量在果穗籽粒成熟后晚 3～5 天再进行收获作业，这样玉米的籽粒更加饱满，果穗的含水率低。

（3）根据地块大小和种植行距及作业质量要求选择合适的机具，作业前制定好具体的收获作业路线，同时根据机具的特点，做好人工开割道等准备工作。

二、收获方式

在西北干旱半干旱地区的大部分区域，玉米收获时不直接脱粒，多采用分段收获，第一段是采摘、收集带苞叶或已剥皮的玉米果穗，并进行秸秆处理，第二段是将玉米果穗经晾晒风干后进行脱粒。玉米收获方式主要有两种，联合收获和半机械化收获。

机械化的应用技术主要有联合收获秸秆直接还田技术 、人工摘穗秸秆还田技术、穗茎兼收技术。目前，主要有三种基本应用形式：一是机械联合收获，秸秆机械还田或秸秆青贮收获；二是人工摘穗，秸秆机械还田或秸秆青贮收获；三是整株机械割铺，人工摘穗和秸秆再利用。

（一）联合收获

联合收获是指机械一次完成摘穗、剥皮、集穗（或摘穗、剥皮、脱粒，但此时籽粒含水率应为23%以下），同时进行秸秆处理（揉丝青贮或粉碎还田）等项作业。

（二）半机械化收获

（1）人工摘穗并运至场上经晾晒后脱粒，秸秆一是用机械粉碎还田或收获青贮；二是人工收获后用机械加工饲草青贮。

（2）机械摘穗，然后将果穗运至场上经晾晒后脱粒，人工收获秸秆，机械加工饲草青贮。

（3）整株机械割铺，人工摘穗并运至场上经晾晒后脱粒，秸秆一是用机械粉碎还田；二是人工收获后用机械加工饲草青贮。

三、工艺流程

（一）联合收获

1. 机械摘穗＋秸秆粉碎还田作业模式

机械摘穗→（果穗剥皮）→集箱输送→秸秆粉碎还田

2. 穗茎兼收（秸秆青贮）**联合作业模式**

机械摘穗→（果穗剥皮）→集箱输送→秸秆切碎青贮

3. 玉米青贮联合作业模式

机械收获穗茎→集箱输送

（二）分段收获

1. 人工摘穗后秸秆粉碎还田作业模式

人工摘穗→秸秆机械粉碎还田

2. 人工摘穗后秸秆青贮作业模式

人工摘穗→秸秆机械收获青贮或秸秆人工收获机械加工饲草青贮

3. 机械摘穗后秸秆青贮作业模式

机械摘穗→人工收获秸秆→机械加工饲草青贮

4. 整株机械割铺后秸秆粉碎还田作业模式

整株机械割铺→机械粉碎还田

5. 整株机械割铺后秸秆青贮作业模式

整株机械割铺→人工收获后用机械加工饲草青贮

第四节　西北灌溉玉米区玉米播种机械简介

玉米播种机械是指以玉米种子为播种对象的种植机械,它的整体结构与通常使用的小麦播种机类似,所采用的排种器有槽轮式、窝眼式、勺轮式等多种型式。玉米播种机与拖拉机配套使用,一般采用三点悬挂装置,挂接在拖拉机后部,动力由地轮提供。在西北干旱半干旱地区,一般选用工作行数为2行至8行的玉米播种机。

玉米播种机械技术发展较为成熟，已广泛推广应用，不仅可以减轻农民的劳动强度，有效争抢农时，而且能确保农艺措施到位，提高玉米产量，实现玉米生产节本增效。

玉米播种机大都有机架、种肥箱、排种器、排肥器、开沟器、覆土器、镇压器和地轮等组成，一次能完成开沟、施肥、播种、覆土、镇压等多道工序。下面介绍几种适合在西北干旱半干旱地区使用的玉米播种机具。

一、玉米免耕（硬茬）播种机

玉米免耕（硬茬）播种机除要具有传统播种机的开沟、施肥、播种、覆土、镇压等功能外，一般还必须有排草防堵、破茬入土、种肥分施和地面仿形等能力，以满足免耕覆盖地播种的特殊要求。

图 6-1 为 2BYF-3 型玉米免耕施肥播种机结构简图。它由机架、方板 U 形丝、防缠绕施肥开沟器、播种开沟器、覆土机构、地轮传动机构、护链盒、弹簧浮动支杆、种箱支架、种箱、肥箱总成等部件组成，适用于免耕播种玉米、大豆，还可更换限位卡子播种花生，实现一机多用。该机与有悬挂装置的小四轮拖拉机配套，采用三点悬挂装置，机组转弯半径 3 米左右，使用方便。

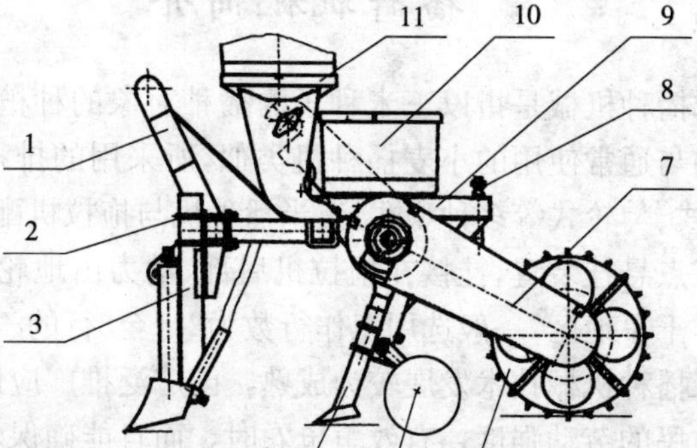

图 6-1　2BYF-3 型玉米免耕施肥播种机结构简图
1. 机架　2. 方板 U 形丝　3. 防缠绕施肥开沟器　4. 播种开沟器　5. 覆土器
6. 地轮　7. 护链盒　8. 弹簧浮动支杆　9. 种箱支架　10. 种箱　11. 肥箱总成

该机的主要特点：排种装置由地轮通过链条驱动，排种器为外槽轮可调式多用排种盒，排肥器采用大外槽轮式排肥盒，调整方便；播种开沟器为箭铲式，工作阻力小；机架前梁装有被动式防缠绕滚筒装置，作业时附着的秸秆或杂草在开沟器向前开沟时受到麦茬或其余秸秆的碰挂产生偏心力矩，从而随回转轴筒转动而滑落，因而能防止剩余小麦秸秆及杂草等的缠绕或阻塞，减小作业阻力，提高作业效率；施肥时肥料排于沟内，播种开沟器在沟侧开沟播种（种肥间距大于50毫米），然后由覆土机构覆土，完成全部作业。

主要技术参数：

播种行数：3；

行距：526～641毫米可调；

排种器型式：可调槽轮窝眼式；

排肥器型式：大外槽轮式；

施肥开沟器型式：凿形铲式；

播种开沟器型式：箭铲式；

播种深度：30～50毫米可调；

施肥深度：60～80毫米可调；

生产率：0.2～0.3公顷/小时；

配套动力：8.8～13.2千瓦。

图6-2为2BFY系列玉米免耕施肥播种机结构简图。该系列玉米免耕施肥播种机由机架、肥箱总成、种箱总成、种肥箱支架、弹簧浮动支杆、镇压轮、齿轮箱、播种开沟器、施肥开沟器等部件组成，适用于免耕播种玉米、大豆。该系列玉米播种机有适应大、中、小型四轮拖拉机配套的机型，采用三点悬挂装置，使用方便。

2BFY系列玉米免耕施肥播种机可一次完成开沟、施肥、播种、覆土、镇压等多道工序，其主要特点是：传动装置为全齿轮结构，工作可靠；排种器为外槽轮可调窝眼式，排肥器为大外槽轮式排肥盒，调整方便；采用窄型开沟器，开沟窄而深，工作阻力小，基本不破坏土壤结构，适应在秸秆覆盖量较大、留茬较高的地块作业。

主要技术参数：

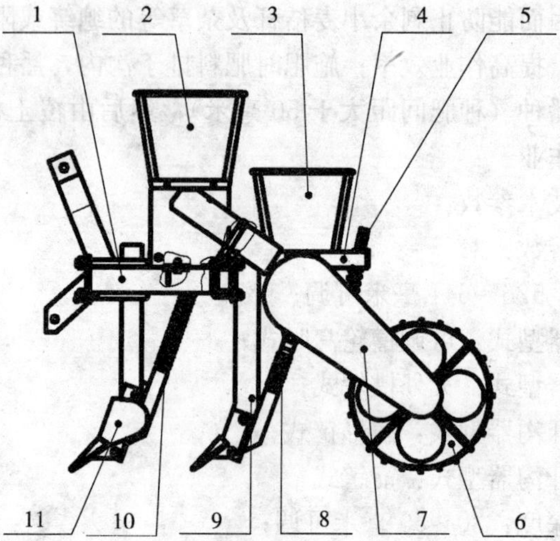

图 6-2　2BFY 系列玉米免耕施肥播种机结构简图

1. 机架　2. 肥箱总成　3. 种箱总成　4. 种肥箱支架
5. 弹簧浮动支杆　6. 镇压轮　7. 齿轮箱　8. 输种管
9. 播种开沟器　10. 输肥管　11. 施肥开沟器

行距：500～700 毫米可调；

排种器型式：可调槽轮窝眼式；

排肥器型式：大外槽轮式；

施肥开沟器型式：凿形铲式；

播种开沟器型式：尖角式；

播种深度：30～80 毫米可调；

施肥深度 60～100 毫米可调；

镇压轮：铸铁轮。

玉米免耕播种机使用注意事项：

（1）抢时播种。夏玉米播期一般在 6 月上中旬，应与收割作业配套进行，麦收后当天或者第二天即进行播种，形成即收即播作业流程。

(2) 足墒下种。一是可在收麦前 3～7 天视雨水情况浇好麦黄水，为夏玉米播种创造适宜的底墒；二是也可在玉米播种后浇蒙头水，浇水后要及时将堆壅的麦秸撒开，以免影响出苗。

(3) 严格把握播深。播种深度在 3～5 厘米最合适，过深苗弱，过浅不易出苗。墒情差的可适当播深一点。播后压实，使种子与土壤紧密接触。

(4) 调整播量，合理密植。下种量应调为 2～2.5 千克/亩，行距调至 60 厘米（便于玉米联合机收）。紧凑型品种适宜密度 5 000～5 500株/亩，半紧凑型品种适宜密度4 500～5 000株/亩。株距视品种和留苗密度而定。

(5) 严格操作规程。播种作业过程中，要严守操作规程，播种速度不可过快，行走要匀要直，中途尽量不要停车，达到下种均匀，播深一致。

二、玉米铺膜播种机械

地膜覆盖是将塑料薄膜覆盖于指定地表，使该地表形成新的生态环境，从而改善水、肥、温度、光照等作物生长条件，使之有利于作物成长。同时被覆盖的地表还可以有效地抑制杂草生长，减轻病虫害，使作物提前种植，提前收获。既能较大幅度增产，又能提高作物品质，是提高种植效益的好方法。

铺膜播种机是铺膜机和播种机有机结合在一起的复式作业机具，它能一次完成平土整地、施肥、铺膜、打孔播种、覆土等多项作业。铺膜播种机按铺膜、播种的先后分先播种后铺膜（膜下播种）和铺膜后播种（膜上播种）两种形式。先播种后铺膜的铺膜播种机保温效果更好，结构也较简单，适合寒冷地区使用，出苗后由人工打孔放苗。先铺膜后播种的铺膜播种机一般采用鸭嘴式滚筒播种器，在已铺好的膜上打孔播种，也有用直插式鸭嘴播种器打孔播种的。

图 6-3 为 2BML-2 型铺膜播种联合作业机结构简图，它是一种采用先铺膜后播种工艺的鸭嘴式铺膜播种机。该机主要用于玉米、大豆、棉花（脱绒棉种）等类作物的铺膜播种作业。它用三点悬挂与拖拉机联接，作业时用平土器和镇压辊将地面推平并压实，肥料箱内的化肥由排肥器送入输肥管，经施肥开沟器施在种行的一侧。膜捆上的地膜通过展膜辊展平铺至种床上，由压膜轮将其横向拉紧，并使膜边压入两侧的小沟内，由前覆土圆盘在膜边盖土。种子箱内种子经输种管进入鸭嘴式滚筒点播器的种子分配箱，随穴播滚筒一起转动的取种圆盘通过种子分配箱时，从侧面接受种子进入取种盘的倾斜型孔，并经挡盘卸种后进入种道，随穴播滚筒转动而落入鸭嘴端部。当鸭嘴穿膜打孔达到下死点时，凸轮打开活动鸭嘴，使种子落入穴孔，鸭嘴出土后由弹簧

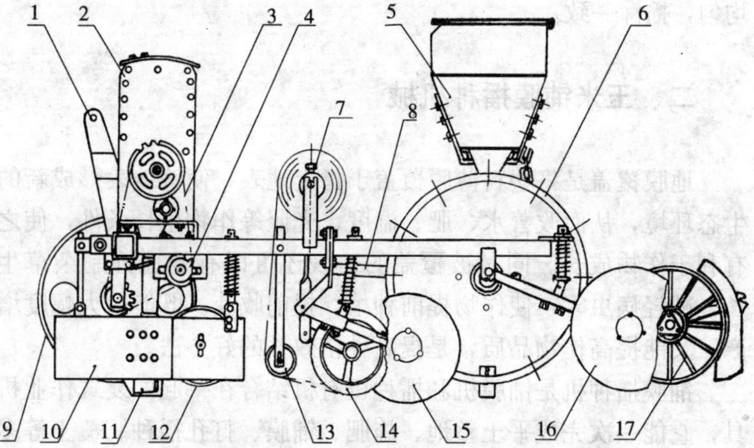

图 6-3 2BML-2 型铺膜播种联合作业机结构简图

1. 机架 2. 肥箱总成 3. 传动链条 4. 张紧轮 5. 种箱装配 6. 点播器装配 7. 膜辊轴组合 8. 点播器牵引架 9. 地轮组合 10. 平土器 11. 施肥开沟器 12. 镇压辊 13. 展膜辊 14. 压膜轮 15. 前覆土器 16. 后覆土器 17. 覆土花篮

使活动鸭嘴关闭。此时，后覆土圆盘将两侧的土翻到覆土花篮内，花篮里面的导流板随着花篮的滚动将土壤覆盖到种子带上，完成覆土，也保证种子带以外的未覆土部分地膜的透光度。铺膜时要求薄膜平展、皱褶少，破损率低，压得紧，膜边用土埋严实。为此，地面土壤应平整松碎。

主要技术参数：

外形尺寸：1 870毫米×1 310毫米×966 毫米；

适用地膜宽度：60 厘米、70 厘米、80 厘米；

行距：30 厘米、36 厘米、40 厘米、45 厘米、50 厘米；

株距：12.5 厘米、25 厘米、37.5 厘米；

每穴种子粒数：玉米 2±1 粒、棉花 4±1 粒；

播种深度：玉米 5～8 厘米、棉花 3.5～5 厘米；

施肥深度：7～10 厘米；

最大施肥量：375 千克/公顷；

排种器型式：鸭嘴滚筒式；

排肥器型式：搅刀式；

平土器型式：刮土整形镇压式；

覆土器型式：二级圆盘覆土（膜孔花篮覆土）；

作业速度：4～6 千米/小时

挂接方式：后置三点全悬挂；

配套动力：11～14.7 千瓦；

结构质量：192 千克。

玉米全膜双垄沟播种植技术是甘肃农机部门经过多年研究，推广的一项适合春玉米种植的新型抗旱耕作技术。该技术集覆盖抑蒸、膜面集雨、垄沟种植技术于一体，实现了保墒蓄墒、就地入渗、雨水富集叠加、保水保肥、增加地表温度，大大提高了水和肥的利用率，增产效果明显。图 6-4 为 1MLQS—40/70 型起垄全铺膜施肥联合作业机结构简图。该机主要由机架、起垄开沟铲、传动装置、土壤升运装置、整形限深装置、挂膜装置、土壤

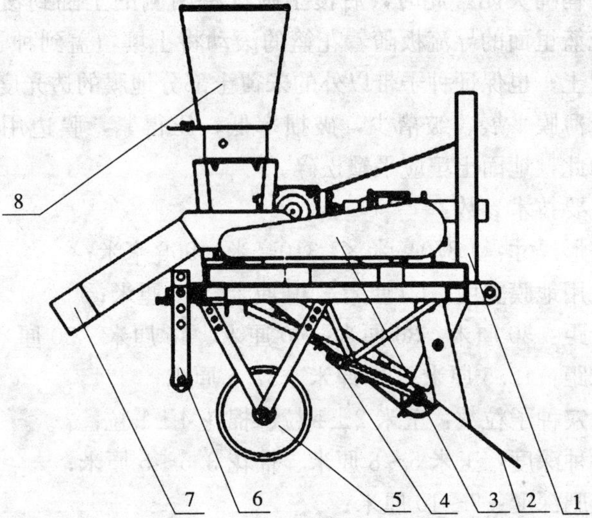

图 6-4　1MLQS—40/70 型起垄全铺膜施肥联合作业机结构简图
1. 机架　2. 起垄开沟铲　3. 传动装置　4. 土壤升运装置
5. 整形限深装置　6. 挂膜装置　7. 土壤分流装置　8. 施肥装置

分流装置、施肥装置等部分组成。

该机可一次完成开沟、起垄、整形、施肥、铺膜、覆土压膜等多项作业。机具工作时，两组起垄开沟铲同时入土开沟，翻到两边的土壤由整形限深轮修整垄面，通过调节限深轮与机架的相对位置，可以改变开沟的深度。铲中间的土壤沿着铲面上升到开式土壤升运装置的下前端，随带板式输送带均匀不断的升运到溜土槽顶部，最后由土壤分流装置分配下滑到地膜两边和两个垄沟底的膜面上，形成四条土壤流，纵向覆土压膜，边上两条覆盖在地膜两边沿上，中间两条覆盖在两个沟底的膜面上，土壤流量的大小可调节。主传动轴通过链轮，链条驱动排肥轮，将肥箱内的肥料排出，沿输送管进入开沟器，播入整形前两起垄开沟铲后中部的窄垄土壤内，达到了集中施肥，便于向两边沟内的植物根系供肥。

主要技术参数：

外形尺寸：1 300毫米×1 400毫米×1 150毫米；

适应地膜宽度：1 200～1 400毫米；

大垄宽度：70 厘米；

大垄高度：13 厘米；

小垄宽度：40 厘米；

小垄高度：10 厘米；

垄间距：110～120 厘米；

膜边覆土宽度：8～10 厘米；

作业速度：3～4 千米/小时；

生产率：0.12～0.15 公顷/小时；

配套动力：14.7～18.4 千瓦（带有动力输出轴的拖拉机）；

动力输出轴转速：540 转/分；

结构质量：175 千克。

覆盖地膜后 1 周左右，当地膜与地面贴紧时，应及时在沟中间每隔 50 厘米处打一直径 3 毫米的渗水孔，便于垄沟内的集雨顺利渗入土壤。田间覆膜后，严禁牲畜入地践踏造成地膜破损。要经常沿垄沟逐行检查，一旦发现破损，应及时用细土盖严，防止大风揭膜。

当地表 5～10 厘米温度稳定在 10℃时为春玉米适播期。播种方法是：用玉米播种器按规定的株距将种子破膜穴播在沟内，每穴下籽 2～3 粒，播深 3～5 厘米，点播后随即踩压播种孔，使种子与土壤紧密结合，或用细砂土封严播种孔，防止播种孔散墒和遇雨板结影响出苗。按照土壤肥力状况、降雨条件和品种特性确定种植密度。年降雨量 300～350 毫米的地区以3 000～3 500株/亩为宜，株距为 35～40 厘米；年降雨量 350～450 毫米的地区以3 500～4 000株/亩为宜，株距为 30～35 厘米，年降水量450 毫米以上地区以4 000～4 500株/亩为宜，株距为 27～30 厘米。肥力较高，墒情好的地块可适当加大种植密度。

铺膜机操作注意事项：

（1）开始铺膜时，应将机具置于地头、埂边，摆正方向，然后拉长地膜、缓缓放下铺膜机，并将膜边压在压膜轮下，液压手柄放在浮动位置。

（2）机组起步要缓，以免拉断地膜。拖拉机行进速度要均匀，一般应控制在3～5千米/小时。

（3）机组作业中途尽量减少停车，更不得倒车，转急弯。当发现有质量问题时应及时停车处理。

（4）大风天气作业时，应防止土被风刮到膜面上，有打药装置的铺膜机应设法遮挡，防止药液漂移。

三、玉米旋耕施肥播种机

旋耕施肥播种机是一种能同时完成旋耕整地、施肥、播种、覆土和镇压等多道工序的联合作业机具，其优点是采用联合作业，一次完成多道工序，减少作业次数，提高工效，节约费用。旋耕施肥播种机作业质量好，播后地表平整，播深一致。

图6-5为2BMG－4/6型免耕播种机（SGTNB－200Z4/8A8型旋播施肥机）结构简图。该机主要由悬挂装置、变速箱总成、种肥箱总成、传动机构、镇压辊总成、限深轮总成、刀轴总成、输种施肥装置等部分组成。

该机具有以下特点：

（1）功能多。一机可当三机用，即旋耕机、玉米免耕（硬茬）播种机、小麦条播机。

（2）复式作业工效高。一次可完成旋耕、碎土、灭茬开沟、施肥、播种、覆土、镇压等作业工序。

（3）技术含量高。播种小麦采用12厘米宽幅下种器，使小麦群体结构得到合理调配，增强通风透光能力；巧用窝眼槽轮式

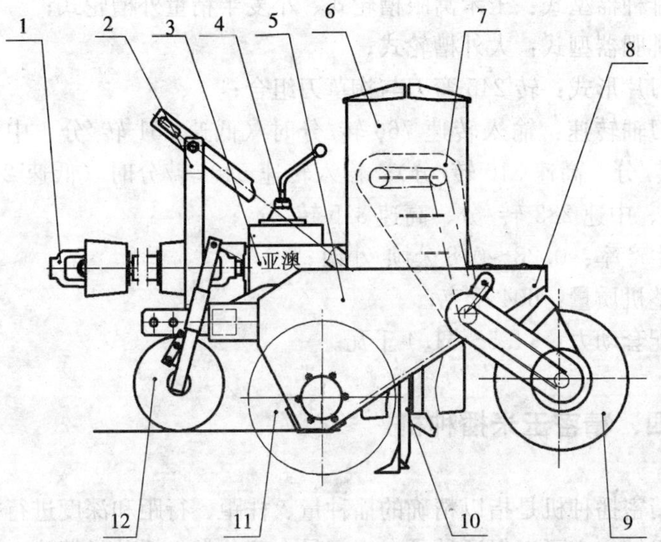

图 6-5 2BMG-4/6 型免耕播种机结构简图

1. 万向节总成 2. 悬挂装置 3. 变速箱总成 4. 变速操纵机构
5. 机架侧板 6. 种肥箱总成 7. 传动机构 8. 罩盖及种肥箱底盘
9. 镇压辊总成 10. 输种输肥管 11. 刀轴总成 12. 限深轮

排种器实现玉米穴窝播，而苗不拥挤；采用组合弯刀旋耕碎土，提高工效，降低功耗；设有仿形限深轮，可大大提高拖拉机液压装置寿命；安装更换不同零件，可实现小麦和玉米的免耕播种、垄播、沟播等多种状态的播种。

(4) 适用范围广。可在玉米秸秆直立地、秸秆粉碎地、根茬地播种小麦，又能在小麦根茬浮草地、秸秆粉碎地、根茬地播种玉米。

主要技术参数：

结构型式：带状粉碎，免耕播种；

外形尺寸：1 630毫米×2 300毫米×1 070毫米；

作业行数：玉米 3～4 行、小麦 8 行；

行距：玉米 50～72 厘米、小麦 26 厘米；

排种器型式：玉米窝眼槽轮式、小麦半精量外槽轮式；

排肥器型式：大外槽轮式；

刀片形式：转 245 弯刀与掏草刀组合；

刀轴转速：输入转速 766 转/分时（低速 251 转/分、中速 279 转/分、高速 310 转/分）；输入转速 540 转/分时（低速 242 转/分、中速 283 转/分、高速 315 转/分）；

生产率：0.28～0.8 公顷/小时；

整机质量：604 千克；

配套动力：44.5～51.4 千瓦。

四、精密玉米播种机

精密播种机是指以精确的播种量、株距、行距和深度进行播种的机械。它可以保证种子在田间最合理分布，播种量精确，株距均匀，播深一致，为种子的生长发育创造最佳条件，可以大量节省种子，减少田间间苗用工，保证作物稳产高产。因此，现代农业对精密播种机械的要求越来越迫切。从 1990 年代以来，我国逐步推广精密播种机，已有多个企业生产了 20 多种型号的精密播种机。精密播种机以作物种类分为玉米及大豆精密播种机、谷物（小麦）精密播种机、甜菜精密播种机；以排种器形式分为机械式和气力式两大类精密播种机；机械式中又可分为垂直圆盘式、垂直窝眼式、勺轮式、锥盘式、纹盘式、水平圆盘式、带夹式等形式的精密播种机。精密播种多为单粒穴播和精确控制每穴粒数的多粒穴播。

图 6－6 为 2BYCF 系列玉米免耕精量施肥播种机结构简图。它由机架、方板 U 形丝、施肥开沟器、精量排种器、播量调节机构、播种开沟器、覆土机构、地轮传动机构、弹簧浮动支杆、种箱支架、种箱、肥箱总成等部件组成，适用于免耕精量播种玉米、大豆等作物。可一次完成开沟、施肥、播种、覆土、镇压等

多项工序。该机与有悬挂装置的四轮拖拉机配套，采用三点悬挂装置，机组转弯半径小，使用方便。

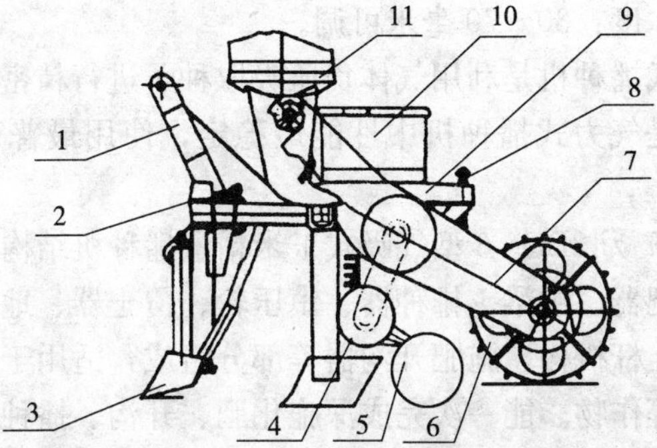

图 6-6　2BYCF 系列玉米免耕精量施肥播种机结构简图

1. 机架　2. 方板 U 形丝　3. 施肥开沟器　4. 精量排种器总成　5. 覆土机构　6. 地轮　7. 防护罩　8. 弹簧浮动支杆　9. 种箱支架　10. 种箱　11. 肥箱总成

该机的主要特点：采用了单体与整体仿形结构和单体联动机构，传动地轮既能满足镇压的要求又可起到限深的作用；排肥器采用大外槽轮式排肥盒，通过手轮调节施肥量大小，调节更加方便；排种装置由地轮通过链条驱动，排种器为铝合金勺轮式，具有三档变速，方便快捷调整株距；采用“零速”、低位投种，穴距精确，穴内种子集中，易定苗；开沟器入土性能好，工作阻力小；机位高窄，增加防缠机构，不易缠草堵塞，通过性好；施肥时肥料排于沟内，播种开沟器在沟侧开沟播种，然后由覆土机构覆土，完成全部作业。

主要技术参数：

行距：50～80 厘米可调；

株距：180～280 毫米；

排种器型式：勺轮式；

排肥器型式：大外槽轮式；

施肥开沟器型式：凿形铲式；

施肥深度：60～100 毫米可调；

播种深度：30～70 毫米可调。

气吸式播种机是利用气体负压吸取种子进行精密播种的播种机具，它是气力式播种机中性能最稳定，使用最普遍的精密播种机。

图 6-7 为 2BQ-6 型气吸式玉米精量播种机结构简图，它由风机、排肥器、主梁、排种器、镇压轮、覆土器、地轮、播种开沟器、四连杆机构、施肥开沟器等部分组成，适用于精量播种玉米、大豆等作物。能一次完成深施化肥、开沟、播种、覆土、镇压等工序。

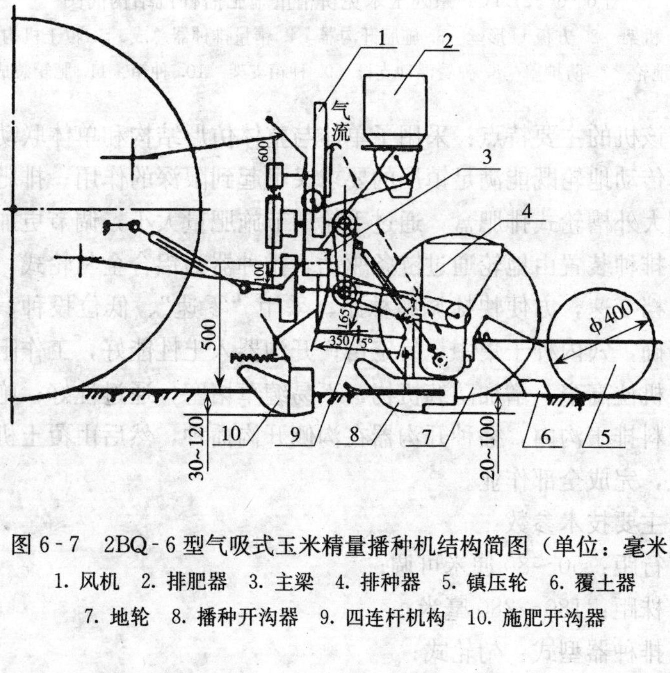

图 6-7　2BQ-6 型气吸式玉米精量播种机结构简图（单位：毫米）

1. 风机　2. 排肥器　3. 主梁　4. 排种器　5. 镇压轮　6. 覆土器
7. 地轮　8. 播种开沟器　9. 四连杆机构　10. 施肥开沟器

该机的主要特点：投种点低、种床平整、籽粒分布均匀、播深一致、出苗整齐，株、行距可调。通过更换不同的排种盘和采用不同的传动比，即可精量播种玉米、棉花、油葵以及甜菜等多种作物，是一种通用性强的播种机。

主要技术参数：

作业行数：6；

作业行距：500～700毫米；

排种器型式：垂直圆盘气吸式；

排肥器型式：大外槽轮式；

风机型式：离心式；

风机叶轮转速：4 400转/分；

株距：玉米176～510毫米、大豆60毫米～150毫米；

播种深度：40～100毫米；

施肥深度：60～120毫米；

传动型式：播种链轮齿轮混合式、施肥链条曲柄摆杆式；

开沟器型式：滑刀式；

镇压轮型式：V形铁轮；

地轮：5.00～15充气轮胎；

生产率：1.5～2.0公顷/小时；

配套动力：40.4～55.1千瓦。

第五节　西北灌溉玉米区玉米收获机械简介

玉米收获机是用来从事玉米机械化收获作业的装备，一次可完成玉米摘穗、果穗输送、去杂、剥除果穗苞叶、脱粒、分离、清选、籽粒收集、秸秆处理（粉碎还田或切碎回收）等项作业项目或部分作业项目。下面介绍几种适合在西北干旱半干旱地区使用的玉米收获机械。

一、背负式玉米收获机

背负式玉米收获机与拖拉机配套使用，须将各工作部件安装在拖拉机上，驾驶员通过操作拖拉机及作业装置进行玉米收获作业。在非玉米收获季节，可将玉米收获机的工作部件拆下，用拖拉机进行其他作业。该类机型具有拖拉机利用率高、价格低、投资回收期短等优点。

由于背负式玉米收获机需在拖拉机上安装机架、割台、升运器、果穗箱、秸秆粉碎还田等装置，驾驶员操作视野和舒适性较差。安装后，整机重心偏移，转移地块或长距离运输时行驶速度受到限制。

图 6-8 为 4YW-Q 型悬挂式玉米收获机结构简图，它主要由摘穗台、升运器、果穗箱、秸秆还田机、清选排杂装置、挂接

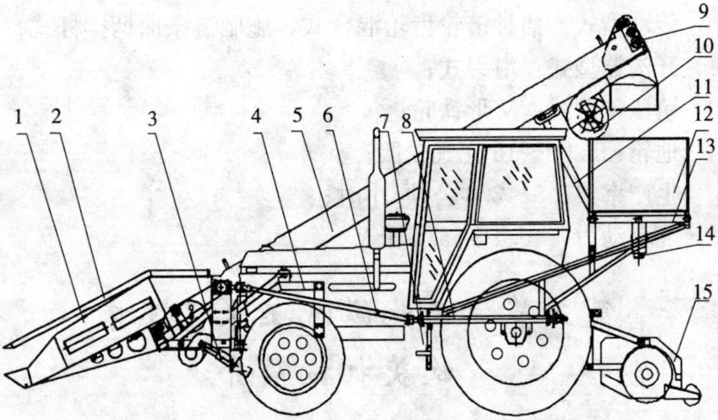

图 6-8　4YW-Q 型悬挂式玉米收获机结构简图

1. 摘穗台　2. 扶禾杆　3. 摘穗台油缸　4. 摘穗台挂接架　5. 升运器　6. 长万向传动轴　7. 前横梁　8. 左纵梁　9. 排杂辊　10. 风机　11. 升运器支架　12. 果穗箱　13. 果穗箱托架　14. 果穗箱油缸　15. 秸秆粉碎还田机

装置、液压系统及传动系统等部分组成。收获时，玉米收获机沿玉米行间行走，玉米植株被割台拨禾链上的拨禾齿强制拨进并由扶禾杆扶正，在导入锥的作用下将玉米植株导入相对旋转的摘穗辊内，果穗经相对旋转的摘穗辊挤压而摘下；摘下的果穗由割台提升链提升送至割台后端的横向输送搅龙内，经搅龙输送到果穗升运器上；通过升运器上的清选排杂装置去杂后，收集到果穗箱内；当果穗箱装满后由箱体下面的液压油缸，将果穗箱顶起，把果穗倒入运输车内。玉米茎秆被摘穗辊挤压并拉向地面，地面上的秸秆被后置的秸秆还田机粉碎还田。

主要技术参数：

配套拖拉机动力：≥40 千瓦；

机器使用质量：2 200千克；

作业前进速度：3～7 千米/小时；

最小转弯半径：6.1 米；

摘穗辊型式：卧辊式；

摘穗辊数量：6；

摘穗辊转速：820 转/分；

工作幅宽：2.0 米；

收获行数：3～4；

适应行距：任意行距；

还田机型式：甩刀式；

还田机刀轴转数：1 800转/分；

还田机动刀数量：80；

油耗：≤20 千克/公顷；

外形尺寸：7 890毫米×2 460毫米×3 400毫米。

二、自走式玉米收获机

自走式玉米收获机是一种专门用来从事玉米收获作业的装

备，自身具备行走、动力、操纵控制等系统，驾驶员直接操控作业装置。该类机具有结构紧凑、配置合理、操作灵活、作业效率高等特点，但售价较高、投资回收期较长。

图 6-9 为 4YZ-3B 型自走式玉米联合收获机结构简图。该机主要由发动机、摘穗台、果穗升运器、剥皮机构、底盘、行走部分、果穗箱、秸秆还田机、液压系统、电器系统、操纵机构等部分组成。适用于收获地块横纵向坡度不大于 8°、玉米种植行距在 500～750 毫米之间、株高小于2 500毫米的玉米品种。可一次完成玉米果穗收获、剥皮、秸秆粉碎还田等作业。

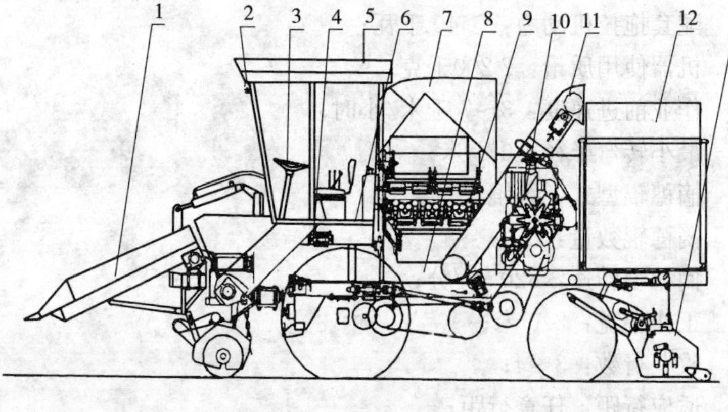

图 6-9　4YZ-3B 型自走式玉米联合收获机结构简图
1. 摘穗台　2. 电器系统　3. 操纵系统　4. 液压系统　5. 驾驶室
6. 驾驶台　7. 前升运器　8. 行走底盘　9. 剥皮机　10. 发动机
11. 后升运器　12. 果穗箱　13. 秸秆还田机

主要技术参数：

结构型式：自走式；

配套动力：92 千瓦；

机器使用质量：7 140千克；

作业前进速度：1.6～5.0 千米/小时；

生产率：0.4～0.67 公顷/小时；

最小转弯半径：左 810 厘米、右 795 厘米；

摘穗辊型式：纵卧式；

剥皮辊型式：橡皮辊＋铸铁辊；

收获行数：3；

最小离地间隙：300 毫米；

适应行距：500～750 毫米；

最大卸果穗（粮）高度：2 000毫米；

还田机工作幅宽：1.8 米；

还田机型式：甩刀式；

还田机动刀数量：68；

油耗：≤32 千克/公顷；

外形尺寸：8 300毫米×2 500毫米×3 200毫米。

玉米收获机操作注意事项：

(1) 作业前应进行试收获，调整机具，达到农艺要求后，方可投入正式作业。

(2) 收获前应做好田间调查，在水井、电杆拉线等不明显障碍处安装标志。

(3) 收获前 3～5 天对田块中的沟渠、垄台进行平整，以利安全作业，并对玉米的倒伏程度、种植密度、行距、果穗下垂度、最低结穗高度等进行田间调查。作业时，调整摘穗辊（或摘穗板）间隙，以减少籽粒破碎；作业中，割台要对准玉米行，既可减少掉穗损失，又可提高作业效率。注意果穗升运过程中的流畅性，以免卡住、堵塞；随时观察果穗箱的充满程度，及时倾卸果穗，以免果穗满箱后溢出或卸粮时出现卡堵现象。

(4) 正确调整秸秆还田机的作业高度，以保证留茬高度小于 10 厘米。

(5) 如安装灭茬机时，应确保灭茬刀具的入土深度，保持灭茬深浅一致，保证作业质量。

(6) 运输过程中,应将玉米收获机及秸秆还田装置提升到运输状态,前进方向的坡度较陡时,中途不能换挡,以保证运输安全。

(7) 作业过程中，随时观察作业质量，如发现作业质量有问题或机具有故障时，必须将发动机熄火后方可进行调整和排除故障操作。

(8) 地面坡度大于8°的地块不宜使用玉米收获机作业。

(9) 玉米收获机转弯时的速度不得超过3～4千米/小时。

三、青饲料收获机

利用玉米青饲料收获机，将玉米果穗与秸秆同时收获，直接粉碎用于青贮饲料，是玉米收获的又一模式。大型畜牧养殖厂、规模化养殖区可采用该技术模式。

青饲料收获是一项对作业及时性要求极高的作业项目。因为青贮饲料对养分含量、切段长度、发酵性能要求高，收获过早过迟都会对其产生较大影响。收获过早，则干物质及养分含量低，水分含量过高；收获过迟，则过渡纤维化，水分含量过低，不利于充分发酵。一般青贮玉米等作物的最佳收获期在一周以内。

自走式青饲料收获机，多为大中型，分对行和不对行两种形式，一般都由收获台部分、切碎部分、排出部分和驾驶室操控部分组成。收获时，收获台部分首先将青贮玉米切下并输送到切碎部分，然后由切碎部分将收获的青贮玉米切碎，最后由排出装置输出，即收割、切碎、抛送一次完成。作业质量好，辅助人工少，作业效率高，损失小，转移方便。

图6-10为9QSZ-3000型自走式青（黄）贮饲料收获机工作原理图。它主要由发动机、驾驶室、操纵系统、立式割台、割台仿形悬挂装置、行走装置、底盘、液压系统、电器系统及传动装置等部件组成。该机用于收获青（黄）贮玉米、高粱等秆状作物。采用独特的立式割台，不对行作业，可一次完成切割、强制

喂入、切碎（揉搓）和抛送装车作业。其喂入机构具有正反转功能，当喂入物料堵塞时，可自行吐出物料。割台升降、抛送筒旋转角度、出料口张角、物料切碎、无级变速等均可在驾驶室操纵控制。物料切碎长度可通过调整马达转速或改变刀片数量实现。

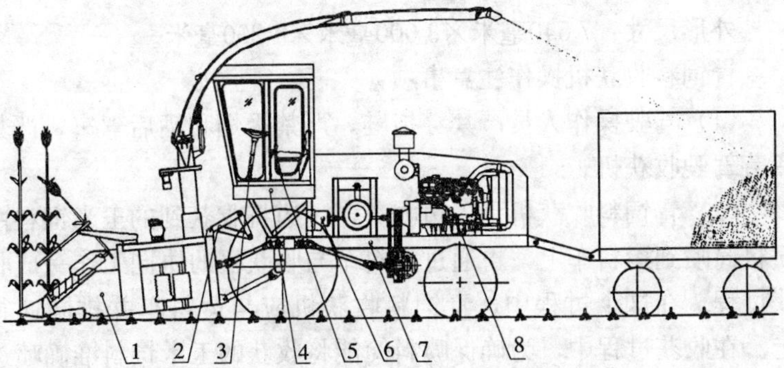

图 6-10　9QSZ-3000 型自走式青（黄）贮饲料收获机工作原理图

1. 一体式割台　2. 割台仿形悬挂装置　3. 操纵系统
4. 驾驶台　5. 驾驶室　6. 液压系统　7. 行走底盘　8. 发动机

主要技术参数：

结构型式：自走式；

配套动力：160 千瓦；

结构质量：8 600千克；

割台型式：立式滚筒；

割幅：3 米；

作业前进速度：≤8.0 千米/小时；

生产率：30～80 吨/小时（青贮）；

最小转弯半径：5.5 米；

滚筒式切割器直径：1 422毫米；

滚筒式切割器转速：740 转/分；

物料切段长度：15～50 毫米可调；

最小离地间隙：250 毫米；

适应行距：不对行；

切碎抛送器型式：轮盘式；

切碎抛送器刀片数量：2～12 可调；

切碎抛送器转速：1 050转/分；

油耗：25～45 千克/公顷；

外形尺寸：7 540毫米×3 000毫米×4 200毫米。

青饲料收获机操作注意事项：

（1）驾驶操作人员严禁穿拖鞋，严禁吸烟和酒后驾车，严禁疲劳驾驶收获机。

（2）青饲料收获机是一边收获，一边将收获到的玉米饲料由喷料筒喷到运料车上，再通过运料车与收获机的协同工作完成收获过程。在这个过程中，青饲料收获机应与运料车并排同速行走。在收获过程中，为确保喷料筒能将收获的玉米饲料准确喷进运料车内，驾驶员要随时观察收获机与运料车的距离，控制调整喷料筒的方向，确保青贮玉米饲料的有效收获。当随收获机的运料车装满后，要立即换车。换车时，收获机要先暂停作业，当替代的另一辆运料车到达与收获机相应位置后再继续作业。

（3）在收获过程中，如果收获机出现异常现象需要检查时，必须停机检查，绝对不允许在收获机运转的情况下进行检查。

（4）收获过程中，运料车车箱上不许有人。在收获时，玉米地中不允许有闲杂人员进入，以防止机械对人造成伤害。

（5）青饲料收获机停车后要及时检查机具有无漏油现象，及时清理散落在机具上的尘土、杂草和玉米秸秆残叶，以利于发动机散热，避免出现火灾事故。

（6）如遇天气干燥炎热，要避免发动机长时间工作，以免因发动机过热而引发火灾。

（7）出车前和收车后，驾驶员要及时对青饲料收获机进行清理和保养，并对连接件进行检查，避免由于零配件松动引发安全生产事故。

参考文献

白人朴，林建华．2008. 玉米收获机械化在山东创新与发展［M］．济南：山东省地图出版社．
北京农业工程大学．1999. 农业机械学（下册）［M］．第2版．北京：中国农业出版社．
本书编写组．2004. 行走式节水灌溉［M］．北京：中国农业出版社．
方部玲．1999. 蔬菜、园艺保护地机械的使用与维修［M］．南京：江苏科学技术出版社．
高焕文．2004. 保护性耕作技术与机具［M］．北京：化学工业出版社．
河南省农牧厅．1991. 玉米规范化栽培［M］．郑州：河南科学技术出版社．
河南省农业机械管理局．2007. 小麦玉米生产机械化技术［M］．郑州：河南出版集团中原农民出版社．
胡伟．1998. 谷物联合收获机运用技术［M］．北京：中国农业大学出版社．
籍俊杰，王文忠，胡伟．1999. 玉米联合收获机运用技术［M］．北京：中国农业大学出版社．
李宝筏．2003. 农业机械学［M］．北京：中国农业出版社．
南京农业大学．1996. 农业机械学（下册）［M］．北京：中国农业出版社．
农业部农业机械化管理司．1993. 农机化适用技术推广手册［M］．北京：机械工业出版社．
农业部农业机械化管理司．2009. 中国农业机械化科技发展报告［M］．北京：中国农业科学技术出版社．
山东农业科学院．2004. 中国玉米栽培学［M］．上海：上海科学技术出版社．
尚书旗，董佑福，姜学东，等．2002. 玉米联合收获机使用与维修［M］．

北京：中国农业出版社．
尚书旗，董佑福，张道林．2006. 玉米联合收获机原理及应用［M］．北京：教育科学出版社．
汪懋华．2000. 农业机械化工程技术［M］．郑州：河南科学技术出版社．
吴守一．1992. 农业机械学（下册）［M］．第2版．北京：机械工业出版社．
夏晓东．1999. 耕整地机械的使用与维修［M］．南京：江苏科学技术出版社．
信乃诠，等．2002. 中国北方旱区农业研究［M］．北京：中国农业出版社.
中国农业机械化科学研究院．2007. 农业机械设计手册［M］．北京：中国农业科学技术出版社．
陈逢凯，张艳诚，李贵荣．2003. 手扶拖拉机运输机组操纵性能改进设计［J］．企业技术开发．10：51-55.
董佑福，陈传强．2009. 新中国玉米生产机械化技术演变路径［J］．农机质量与监督．10：40-42.
高焕文，李问盈，李洪文．2003. 中国特色保护性耕作技术［J］．农业工程学报．19（3）：1-4.
罗雪华，蔡秀娟．2004. 外分光光度法测定蔬菜硝酸盐含量［J］．华南热带农业大学学报，10（1）：13-16.
王洪宇．2008. 玉米机械化保护性耕作技术要点［J］．农机使用与维修，4.
王新蓉．2004. 玉米机械化地膜覆盖技术的应用［J］．新疆农机化，（2）：22.
徐晓明．2007. 浅谈玉米机械化保护性耕作［J］．科技推广，12.
严明，尚长表，张振国．2002. 保护性耕作适应性试验及关键技术研究［J］. 农业工程学报，18（1）：78-81.
杨敏丽．2000. 我国玉米生产机械化现状及发展对策［J］．中国农机化，5（9）：3-6.
张宝文．2007. 加快推进我国玉米生产机械化［J］．农机质量与监督．10：4-7.
张道林，孙永进，赵洪光，等．2005. 立辊式玉米摘穗与茎秆切碎装置的设计［J］．农业机械学报，7.
张道林，孙永进，赵洪光．2005. 自走式穗茎兼收型玉米联合收获机的设计与试验［J］．农业工程学报，1.

张东兴，刘佳，李艳龙．2008. 制约我国玉米生产机械化发展的因素与对策分析［J］．农业技术与装备，151（7）：10-11.

张丕辉，等．2009. 丘陵旱地新三熟技术初探及示范［J］．南方农业（11）：70-71.

赵洪光，张道林．2005. 秸秆切割装置夹持与切割关系的分析［J］．山东理工大学学报，4.

胡伟．2006. 对我国玉米收获技术进步的分析［D］．农机推广，6：8-9.

胡伟．2004. 中国玉米收获机械化发展研究［D］．北京：中国农业大学：26-28.

侯方安．2006. 山东省实现玉米机械化的条件日趋成熟［D］．农机推广，6：16-18.

籍俊杰，刘焕新，吴海岩，等．2006. 我国玉米机械收获技术发展走向［D］．农机推广．6：6-7.

张喜瑞，董佑福．2006. 我国玉米机械收获机械化的现状与发展趋势［D］．农机推广，6：10-12.

赵洪光．立辊式玉米摘穗茎秆切碎收获割台的研制［D］．山东理工大学．

白人朴．我国玉米生产机械化的发展态势及推进对策［N］．中国农机化导报，2009-10-26.

玉米种植区域划分和种植制度．http：//new. boyar. cn/article/2005/07/19/15677. shtml.

Allan T. 1998. Moving water to satisfy uneven global needs："trading" water as an alternative to engineering it［J］. ICID Journal，47（2）：1-8.

Bessembinder J J E，Leffelaar P A，Dhindwal AS，et al. 2005. Which crop and which drop，and the scope for improvement of water productivity［J］. Agricultural WaterManagement，73（2）：113-130.

Clemmens A J，Dedrick A R. 1994. Irrigation techniques and evaluations［A］. In：Tanji K K and Yaron B（eds.），Advanced series in agricultural sciences［C］. Springer-Verlag，Berlin，Germany，311-320.

Hussain I，Turral H，Molden D，et al. 2007，Measuring and enhancing the value of agricultural water in irrigated river basins［J］. Irrigation Science，25（3）：263-282.

IWMI，GDRS. 2000. Irrigation in the basin context：the Gediz River Basin study，Turkey［R］. International Water Management Institute，Colombo，Sri Lanka.

Playan E, Mateos L. 2006. Modernization and optimization of irrigation systems to increase water productive [J]. Agricultural WaterManagement, 80 (1-3): 100-116.

Rockstr J, Barron J, Fox P. 2003. Water productivity in rain-fed agriculture: challenges and opportunities for smallholder farmers in drought-prone tropical agro-ecosystems [R]. University of Zimbabwe, Zimbabwe.

Steduto P, Hsiao T C, Fereres E. 2007. On the conservative behavior of biomass water productivity [J]. Irrigation Science, 25 (3): 1890-2070.